Typenkompass



Alexander Lüdeke

# Kampfpanzer 1945–1970

Motor buch Verlag

Einbandgestaltung: Sven Rauert

Bildnachweis: Alle Bilder stammen, falls nicht anders angegeben, aus dem Archiv des Autors.



ISBN 978-3-613-03481-5



1. Auflage 2013

Sie finden uns im Internet unter
www.motorbuch-verlag.de



Lektor: Joachim Kuch
Innengestaltung: Bernd Peter
Druck und Bindung: Kessler Druck und Medien, 86399 Bobingen
Printed in Germany

# Inhalt

*Leopard 1*
*1965 auf dem Truppenübungsplatz Munsterlager in der Lüneburger Heide.* (BA, cc by sa 3.0)

# Einleitung

Um einen möglichst umfassenden Überblick über die Kampfpanzerentwicklung seit 1945 zu geben, widmen Autor und Verlag diesem Thema zwei Bände. Während dieser Typenkompass die internationalen Kampfpanzerentwicklungen zwischen 1945 und 1970 vorstellt, befasst sich ein zweiter Band mit dem Zeitraum seit 1970. Leider ließ sich der so definierte Zeitrahmen nicht immer vollständig einhalten, denn zum einen prägten vor 1945 entwickelte Fahrzeuge (wie z.B. T-34, T-44, JS-3, Centurion, M4 Sherman oder M26 Pershing) die Entwicklung der ersten Jahre nach dem Krieg, zum anderen sind andere Entwürfe so langlebig und unverwüstlich (z.B. T-54/55), dass sie auch Jahrzehnte nach ihrem ersten Auftauchen noch im Dienst stehen – wenn auch oftmals in stark modifizierter Form. Da aber auch diese Versionen Beachtung finden sollten, musste der Zeitrahmen 1945 bis 1970 mitunter verlassen werden.
Die zahlreichen Kampfpanzertypen machen es leider notwendig, sich auf die tatsächlich in Serie produzierten Modelle zu konzentrieren. Eine Darstellung der vielfältigen Prototypen und Versuchsfahrzeuge ist an dieser Stelle leider nicht möglich.
Die Kampfpanzerentwicklung von 1945 bis 1970 geschah im Kontext des Kalten Krieges,

*Zwei ehemals syrische T-62, die 1973 von den Israelis erbeutet worden waren und anschließend in den USA erprobt wurden.* (US Army)

der nicht nur Europa, sondern auch die Welt in zwei Lager teilte. An der innerdeutschen Grenze standen sich die beiden Machtblöcke unmittelbar gegenüber, ein Funke wäre ausreichend gewesen, dieses Pulverfass zur Explosion zu bringen. Hätte sich der »Kalte Krieg« in einen »Heißen Krieg« verwandelt, so plante die Armee der UdSSR (basierend auf ihren Erfahrungen des Zweiten Weltkriegs) mit ihren osteuropäischen Verbündeten (Warschauer Pakt) einen massiven Vorstoß von Panzerverbänden in Richtung Westen. Und zwar so rasch, dass die Häfen am Kanal und am Atlantik besetzt worden wären, bevor Verstärkung aus den USA hätte eintreffen können. Eine vielfache zahlenmäßige Überlegenheit sollte ein Gelingen dieses »Blitzkrieges« sicherstellen.

Hatte die NATO sich in den Anfangsjahren des Kalten Krieges aufgrund der nuklearen Überlegenheit der USA vor allem auf einen massiven nuklearen Gegenschlag (»Massive Retaliation«) verlassen, um einen möglichen Angriff aus dem Osten abzuwehren, so trat ab Ende der 1950er Jahre das Konzept einer flexiblen Antwort (»Flexible Response«) aus konventionellen und (als ultima ratio) nuklearen Elementen an dessen Stelle. Grund für diese Veränderung war die nukleare Aufrüstung der UdSSR, die die Überlegenheit der USA im atomaren Bereich rasch dahinschrumpfen ließ. Der mögliche Einsatz atomarer (aber auch biologischer oder chemischer) Waffen (ABC-Waffen) auf dem Gefechtsfeld ließ daher ab Ende der 1950er Jahre ABC-Schutzanlagen in Panzerfahrzeugen zum Standard werden. Der Kalten Krieg sorgte daher dafür, dass in Ost und West Zehntausende von Kampfpanzern gebaut und beständig neue Versionen und Typen entwickelt wurden.
Eine weitere Bedrohung stellte jedoch den Wert des Kampfpanzers insgesamt in Frage. Die Einführung von Hohlladungsmunition (HL oder HEAT) Anfang der 1940er Jahre hatte einen völlig neuen Weg der Panzerabwehr aufgezeigt. Nun war kein Hochleistungsgeschütz mehr notwendig, um einen Panzer auszuschalten – jeder Infanterist mit einer leichten Waffe wie z.B. der Panzerfaust war dazu in der Lage. An Mitte der 1950er Jahre traten (zumeist per Draht gelenkte) Panzerabwehrflugkörper (PzAbwFK) hinzu. Die Hohlladungsgefechtsköpfe jener Zeit waren problemlos in der Lage, 300 mm dicken Panzerstahl zu durchschlagen. Ein Kampffahrzeug so stark zu panzern, dass es vollkommenen Schutz vor HL-Geschossen bot und zugleich hinreichend beweglich blieb, schien daher unmöglich. Eine schwere Panzerung trat in den Hintergrund, stattdessen sollten sich Panzer zu ihrem Schutz auf ihre Mobilität und Feuerkraft verlassen. Produkte dieser Überlegung waren z.B. der Leopard 1 und der AMX-30. Dieser Ansatz

wurde allerdings spätestens durch die Nahostkriege 1967 und 1973 in Frage gestellt. So verlor der schwere Kampfpanzer durch diese Entwicklungen zunächst an Bedeutung. Es entstand ein neuer Typ, im englischen Sprachraum als Main Battle Tank (MBT, wörtlich übersetzt Hauptkampfpanzer) bezeichnet, der die Mobilität des mittleren Kampfpanzers mit der Feuerkraft der früheren schweren Typen verschmolz.

Vor allem in Asien und Afrika führte die Konfrontation zwischen Ost und West jedoch zu einer Reihe von Konflikten, von denen jene in Korea und Indochina/Vietnam die wohl bekanntesten sind. In beiden Konflikten spielten Kampfpanzer jedoch nur eine Nebenrolle. Aus Mangel an Gegnern kam es in Korea nach 1950 praktisch zu keinen Gefechten zwischen Kampfpanzern mehr, und auch in Vietnam bildeten diese die absolute Ausnahme. Die dort eingesetzten US-Kampfpanzer wurden daher eher zur direkten Infanterieunterstützung verwendet und nicht zur weiträumigen, beweglichen Kriegsführung. Anders sah dies in den Nahostkriegen 1956 und 1967 aus, in denen sich die (mit westlichen Waffen ausgerüsteten) israelischen Streitkräfte ihren arabischen Kontrahenten (die zumeist sowjetische Waffen nutzten) als weit überlegen zeigten.

Ausschlaggebend war hier jedoch weniger die Qualität der Ausrüstung, als der Ausbildungsstand der Besatzungen und ihre Motivation. Lehren für Europa ließen aus all diesen Konflikten daher nur beschränkt ziehen. Denn obwohl die sowjetischen Panzer dort erfolglos blieben, so hätte sich in einem Krieg zwischen NATO und Warschauer Pakt womöglich ein völlig anderes Bild geboten. Glücklicherweise blieb Europa und der Welt ein solch verheerender Krieg aber erspart.

## Dank

Wie immer bin ich auch bei diesem Typenkompass zahlreichen Personen und Institutionen zu großen Dank verpflichtet. Besonders genannt seien hier Vincent Bourguignon, Oliver Missing, Radek Pancartek und Oleg Halin, die ihre Zeichnungen beisteuerten. Bildmaterial wurde mit großzügigerweise von Alf van Beem, Massimo Foti, Paul Appleyard, Lawrence Skuse, Andre Junghans, Ikdeda Shinobu, Vitaly Kuzmin und anderen zur Verfügung gestellt. Nicht zu vergessen sind auch meine Lebensgefährtin Martina Pohl und unser Sohn Thore, ohne die dieser Typenkompass nicht möglich gewesen wäre.

Dortmund, Januar 2013
Alexander Lüdeke

| Glossar | |
|---|---|
| **ABC** | Atomar, Biologisch, Chemisch |
| **BK** | Bordkanone |
| **KWS** | Kampfwertsteigerung |
| **MG** | Maschinengewehr |
| **ERA** | Explosive Reactive Armor (Explosive Reaktivpanzerung) |
| **HE** | High Explosive (Hochexplosivmunition) |
| **HEAT** | High Explosive Anti Tank (Hohlladungsmunition) |
| **HL** | Hohlladungsmunition |
| **FRAG** | Fragmentation (Splittermunition) |
| **APFSDS** | Armor Piercing Fin-Stabilized Discarding Sabot (panzerbrechendes flügelstabilisiertes Treibkäfiggeschoss) |
| **L/XX** | Länge des Kanonenrohres in Vielfachen des Kalibers, eine 120 mm BK L/50 besitzt also ein 6 m langes Rohr |
| **HESH** | High Explosive Squash Head (Quetschkopfmunition) |
| **EM** | Entfernungsmesser |
| **WBG** | Wärmebildgerät |
| **VBA** | Chinesische Volksbefreiungsarmee |
| **FL-Anlage** | Feuerleitanlage |
| **USMC** | United States Marines Corps |
| **HL** | Hohlladung |
| **FK** | Flugkörper |
| **PzAbwFK** | Panzerabwehrflugkörper |
| **RPG** | Rocket Propelled Grenade (ungelenkte Panzerabwehrrakete mit HL-Gefechtskopf, ähnlich Panzerfaust) |

# Typ 59

Mitte der 1950er Jahre half die UdSSR der damals noch befreundeten Volksrepublik China beim Aufbau eines Panzerwerks, in dem der T-54A in Lizenz gefertigt werden sollte. Die ersten chinesischen T-54A wurden 1958 fertiggestellt und 1959 übernahm die Volksbefreiungsarmee (VBA) das Modell offiziell – daher die Bezeichnung Typ 59. (Zur Auslegung des Typ 59 siehe daher T-54 S. 61). Insgesamt wurden bis Mitte der 1980er Jahre rund 10 000 Exemplare gebaut, viele davon für den Export. Im Laufe der Zeit wurde der Typ 59 mehrfach modernisiert und kampfwertgesteigert. Der Typ 59 (Herstellerbezeichnung WZ-120) war eine Kopie des T-54A, allerdings ohne Stabilisierung der Hauptwaffe und ohne die beim T-54A nachgerüsteten IR-Scheinwerfer. Der ab 1979 gebaute Typ 59-I war mit der 100-mm-Bk des Typ 69-II, Laser-EM, einem neuen FL-System, einer automatischen Feuerlöschanlage sowie Seitenschürzen ausgerüstet. FL-Anlage und Panzerung wurden während der Produktion mehrfach modifiziert. 1984 folgte der Typ 59-II (WZ-120B), der eine 105-mm-Zugrohr-BK Typ 81 ohne Wärmeschutzhülle (Kopie der britischen L7) sowie einen neue Funk- und Feuerlöschanlage aufwies. Beim Typ 59-IIA wurde eine Wärmeschutzhülle für die 105-mm-BK sowie eine Zusatzpanzerung eingeführt, während der Typ 59D (WZ-120C) über ERA an der Turmfront, einen neue 105-mm-BK Typ 83-I (verbesserte Kopie der L7) sowie passive Nachtsichtgeräte und einen 580-PS-Diesel verfügte. Panzer mit der älteren und kürzeren 105-mm-BK Typ 81 werden als Typ 59D1 bezeichnet.

Der Typ 59G (auch »Gai«) ist kaum noch als Typ 59 zu erkennen. Er besitzt einen neuen

*Das Basismodell des Typ 59 mit der 100-mm-Zugrohr-BK. War and Peace Show, Hythe, Kent, 21. Juli 2010.* (Alf van Beem)

| | |
|---|---|
| **Typ:** | Typ 59 |
| **Hersteller:** | NORINCO |
| **Gefechtsgew.:** | 36 000kg |
| **Länge:** | 6040 mm (ohne Rohr), 9000 mm (mit Rohr) |
| **Breite:** | 3270 mm |
| **Höhe:** | 2590 mm |
| **Motor:** | Modell 12150L V-12 Diesel |
| **Leistung kW/PS:** | 382/520 |
| **Leistungsgew.:** | 14,4 PS/t |
| **Höchstgeschw.:** | 50 km/h (Straße), 25 km/h (Gelände) |
| **Kraftstoffvorrat:** | 815 l (intern) |
| **Fahrbereich:** | 450 km ohne, 600 km mit 2 x 200-l-Zusatztanks am Heck |
| **Besatzung:** | 4 |
| **Bewaffnung:** | 1 x 100-mm-BK, 1 x 7,62-mm-MG Typ 59T koaxial, 1 x 7,62-mm-MG Typ 59 starr in der Wannenfront, 1 x 12,7 mm-Fla-MG Typ 54 |
| **Panzerung:** | Panzerstahl, 20 – 203 mm |
| **Furttiefe:** | 1,4 m ohne, 4,8 m mit Vorbereitung |

*Oben: Typ 59-II in Shenyang, China, 24. März 2007.* (US DoD)

*Links: Typ 59D (WZ-120C). Man beachte die ERA-Blöcke am Turm, sowie dem Korb am Turmheck, die Kettenblenden und die Nebelwurfanlage.* (NORINCO)

geschweißten Turm (evtl. jenen des Typ 96) mit einer 125-mm-Glattrohr-BK und einem automatischen Ladesystem, einen 730-PS-Diesel, ERA und passive Zusatzpanzerung, eine neue digitale FL-Anlage mit Laser-EM und Querwindsensor. Eine kleine Anzahl Panzer der Ausführung G wurde bisher von Tansania (24) und Bangladesch (geplant sind bis zu 300) beschafft.

In den letzten Jahren sind zudem zwei Versuchsmodelle aufgetaucht. Die Version BWK-120K ist ein Modell mit einer chinesischen 120-mm-Glattrohr-BK, während der Typ 59P ein Modernisierungsvorschlag der chinesischen Industrie darstellt. Er soll mit einer105-mm-Zugrohr-BK, ERA im Front-und Seitenbereich, einem 730-PS-Diesel, einer neuen digitalen FL-Anlage (mit integriertem Laser-EM und Querwindsensor) ausgerüstet werden. Auch der Iran hat ab Mitte der 1990er Jahre zahlreiche seiner Typ 59 unter der Bezeichnung Safir-74 bzw. T-72Z (nicht zu verwechseln mit dem T-72 russischen Ursprungs) eigenständig modernisiert. Neben einer 105-mm-Zugrohr BK (Kopie der L7 bzw. M68) gehören dazu ein 780-PS-Diesel, ERA sowie eine FL-Anlage slowenischen Ursprungs mit Wärmebildgeräten (WBG) und Laser-EM.

2012 nutzten neben der chinesischen Volksbefreiungsarmee noch 16 weitere Streitkräfte den Typ 59, besonders in ärmeren Ländern Afrikas und Asiens (u.a. Kongo, Sambia, Simbabwe und Vietnam, Kambodscha, Nordkorea, Myanmar sowie Sri Lanka). Obwohl nach heutigen Maßstäben selbst in seiner modernisierten Form veraltet wird der Typ 59 aufgrund seines günstigen Preises und seiner Verfügbarkeit noch lange in den Armeen der 3. Welt zu finden sein.

*Oben: Ein Typ 59D der Volksbefreiungsarmee in schneller Fahrt. 2012 waren noch rund 5000 Typ 59 in China im Einsatz.* (VBA)

*Unten: Typ 59G während einer Parade in Daressalam, Tansania, 2011.*

# Leopard 1

Der *Leopard* 1 war der erste nach 1945 in Deutschland entwickelte und gebaute Kampfpanzer. Bereits im November 1956 stellte die noch junge Bundeswehr einen Forderungskatalog für einen Standard-Kampfpanzer auf. Diese sollte 30 t schwer und hochbeweglich sein, sowie über hohe Feuerkraft verfügen. Die Panzerung kam erst an dritter Stelle, da man zu jener Zeit einen wirksamen Schutz gegen HL-Geschosse innerhalb vertretbarer Gewichtsgrenzen für nicht machbar hielt. Nachdem die 1957 mit Frankreich vereinbarte Entwicklung eines gemeinsamen Kampfpanzers 1963 endgültig gescheitert war, setzte die Bundesrepublik das Programm allein fort, während die Franzosen den AMX-30 beschafften. Nach der erfolgreichen Erprobung erster Prototypen ab Mitte 1960 (zunächst noch mit einer 90-mm-BK bewaffnet), wurde im Sommer 1963 eine Vorserie von 50 Fahrzeugen genehmigt und der Standard-Kampfpanzer im Herbst 1963

*Die erste Serienversion des Leopard 1, das Modell A1, auf dem Testgelände des Herstellers.* (KMW)

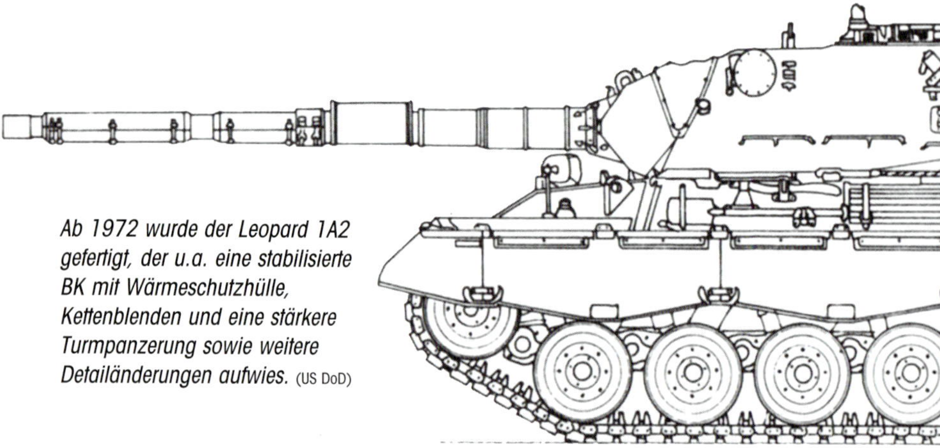

*Ab 1972 wurde der Leopard 1A2 gefertigt, der u.a. eine stabilisierte BK mit Wärmeschutzhülle, Kettenblenden und eine stärkere Turmpanzerung sowie weitere Detailänderungen aufwies.* (US DoD)

*Unten: Die Panzer der ursprünglichen Version Leopard 1A1 wurden 1975–77 auf Stand des A2 nachgerüstet und erhielten dazu u.a. eine Turm- und Blendenzusatzpanzerung. Die Bezeichnung lautete dann Leopard 1A1A1. Leopard 1A1A1 des Panzerbataillons 153 (PzBtl 153) während des Manövers Confident Enterprise als Teil der Übung REFORGER/ AUTUMN FORGE '83.* (US DoD)

offiziell auf den Namen *Leopard* getauft. Die ersten Panzer der Großserienfertigung wurden im September 1965 produziert.

Der *Leopard* basiert auf dem Porsche-Entwurf 814 und ist konventionell ausgelegt, der Fahrer sitzt vorn rechts in der geschweißten Wanne, hinten befinden sich Motor und Getriebe. Mittig ist ein 3-Mann-Gussturm aufgesetzt. Das Stützrollenlaufwerk besitzt sieben,

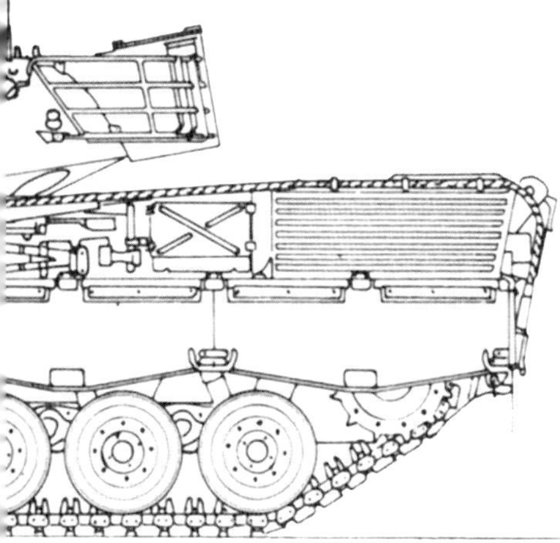

an Drehstäben aufgehängte Laufrollen und wird bei späteren Modellen durch Kettenblenden geschützt. Zusammen mit einem 830-PS-Triebwerk verleiht es dem Panzer eine sehr hohe Mobilität. Motor und Getriebe lassen sich unter Feldbedingungen in weniger als einer halben Stunde austauschen. Die Hauptwaffe ist eine von Rheinmetall in Lizenz gebaute britische 105-mm-Zugrohr-BK L7A3 L/51, die zunächst nicht voll stabilisiert war. Hinzu kamen ein koaxiales 7,62-mm-MG und ein 7,62-mm-Fla-MG. Der *Leopard* verfügte ursprünglich bis zur Version A5 nur über einen optischen Entfernungsmesser, war aber dank eines Weißlicht/IR-Scheinwerfers links auf der Kanonenblende (und später einer Restlichtkamera) nachtkampftauglich.
Der *Leopard* wurde im Laufe seiner Einsatzzeit zahlreichen Modifikationen und Kampfwertsteigerungen unterzogen, von denen hier nur die wichtigsten genannt werden können.
Die erste Version (später A1 genannt) wurde im April 1972 von der Version A2 abgelöst, die eine stabilisierte BK mit Wärmeschutzhülle, Nachtsichtgeräte und ein besseres ABC-Schutzsystem, neue Ketten, Kettenblenden und eine aufgedickte Turmpanzerung sowie weitere Detailänderungen aufwies. Die ursprüngliche Version A1 wurde 1975-77 auf diesen Standard nachgerüstet und erhielt dazu eine Turm- und Blendenzusatzpanzerung (*Leopard* 1A1A1). Panzer des Typs A1A1, die zusätzlich neue Funkgeräte bekamen wurden A1A3 und solche, die zudem noch eine Restlichtkamera (PZB 200) erhielten, A1A4 genannt.
Der Leopard 1A3 (1973, 110 Exemplare) wurde mit einem neuen, geschweißten Turm in Schottbauweise versehen, der auch bei der Version A4 Verwendung fand. Die Variante A4 (1974–76, 250 Stück) besaß zusätzlich eine computerisierte FL-Anlage mit neuen Optiken und wurde später auf das PZB 200 nachgerüstet. Nach der Version A4 entstanden keine neuen *Leopard* 1 mehr für die Bundeswehr.
Von 1986 bis 1992 wurden 1225 1A1 mit der digitalen FL-Anlage des *Leopard* 2, besserem ABC-Schutz, verstärktem Fahrwerk, einer Feldjustieranlage, der Vorbereitung zur Aufnahme einer 120-mm-BK und weiteren Detailänderungen zur Version 1A5 hochgerüstet. Der 1A6 war eine Studie für einen »Panzerabwehrkampfwagen« mit 120-mm-BK, die über Versuchsträger nicht hinauskam.
Zusätzlich entstanden auf Basis des *Leopard* 1 der Bergepanzer 2, der Pionierpanzer *Dachs*, der Flak-Panzer *Gepard* und der Brückenleger

*Leopard 1 A3 der türkischen Streitkräfte. Man beachte gegenüber den Varianten A1 und A2 den Unterschied in der Turmform.*
(Türkisches Verteidigungsministerium)

Biber, ein Fahrschulpanzer sowie zahlreiche Versuchsträger und Prototypen. Insgesamt wurden bis 1984 6485 Fahrzeuge aller Versionen, Abarten und Prototypen gebaut (inkl. Lizenzbau in Italien). Die Bundeswehr musterte 2003 ihren letzten *Leopard* 1 Kampfpanzer aus.

Nicht nur die Bundeswehr, auch zahlreiche andere Streitkräfte nutzten und nutzen den *Leopard* 1. Insgesamt war bzw. ist der Typ außerhalb Deutschlands bei 13 verschienen Armeen im Einsatz (Italien, Niederlande, Belgien, Kanada, Norwegen, Dänemark, Türkei, Griechenland, Australien Brasilien, Chile, Ecuador und Großbritannien. Eine angebliche Lieferung 42 belgischer Panzer 2008/9 an den Libanon ist bis heute nicht bestätigt. Der *Leopard* 1 stellte während der 1970er und 80er Jahre praktisch den europäischen NATO-Standardpanzer dar. Ausländische Nutzer modifizierten ihre Fahrzeuge zum Teil nach eigenen Vorstellungen, z.B. mit anderen FL-Anlagen und MG oder schufen eigene Varianten, so nutzen die z. B Niederlande und Großbritannien Strandbergepanzer Hippo (BARV) auf *Leopard*-Basis.

*Links: Leopard 1A4. Zurzach, Schweiz, 6. Juni 2010.* (Massimo Foti)

*Rechte Seite unten: Ein dänischer Leopard 1A3(DK) in Bosnien, Anfang 1994.* (Lawrence Skuse)

*Unten: Leopard 1A5.* (KMW)

| | |
|---|---|
| **Typ:** | Leopard 1/1A2 |
| **Hersteller:** | Krauss-Maffei (heute KMW), MaK (heute Rheinmetall Landsysteme) |
| **Gefechtsgew.:** | 40 000 kg/42 000 kg |
| **Länge:** | 6940 mm (Wanne), 9543 mm (mit Rohr) |
| **Breite:** | 3250 mm ohne, 3370 mm mit Kettenblenden |
| **Höhe:** | 2390 mm (Oberkante Turm), 2613 mm (Periskop des Kommandanten) |
| **Motor:** | MB 838 Ca M500 10-Zylinder-Vielstoffmotor |
| **Leistung kW/PS:** | 610/830 |
| **Leistungsgew.:** | 20,75 bzw. 19,76 PS/t |
| **Höchstgeschw.:** | 65 km/h (Straße) |
| **Kraftstoffvorrat:** | 985 l |
| **Fahrbereich:** | 550 – 600 km |
| **Besatzung:** | 4 |
| **Bewaffnung:** | 1 x 105-mm-BK L7A3 L/51, 1 x 7,62 mm-MG3 koaxial, 1 x 7,62-mm-Fla-MG3, 2 x 4 Nebelwurfbecher |
| **Panzerung:** | 10 – 70 mm Panzerstahl |
| **Furttiefe:** | 1,20 m ohne, 4,40 m mit Vorbereitung |

| | |
|---|---|
| **Typ:** | Leopard 1A3/1A4 |
| **Hersteller:** | Krauss-Maffei (heute KMW), MaK (heute Rheinmetall Landsysteme) |
| **Gefechtsgew.:** | 42 400 kg |
| **Länge:** | 7090 mm (Wanne), 9543 mm (mit Rohr) |
| **Breite:** | 3250 mm ohne, 3370 mm mit Kettenblenden |
| **Höhe:** | 2390 mm (Oberkante Turm), 2764 mm (Periskop des Kommandanten) |
| **Motor:** | MB 838 Ca M500 10-Zylinder-Vielstoffmotor |
| **Leistung kW/PS:** | 610/830 |
| **Leistungsgew.:** | 19,57 PS/t |
| **Höchstgeschw.:** | 65 km/h (Straße) |
| **Kraftstoffvorrat:** | 985 l |
| **Fahrbereich:** | 550 – 600 km |
| **Besatzung:** | 4 |
| **Bewaffnung:** | 1 x 105-mm-BK L7A3 L/51, 1 x 7,62 mm-MG3 koaxial, 1 x 7,62-mm-Fla-MG3, 2 x 4 Nebelwurfbecher |
| **Panzerung:** | 10 – 70 mm Panzerstahl, Schottpanzerung |
| **Furttiefe:** | 1,20 m ohne, 4,40 m mit Vorbereitung |

# ARL-44

Der ARL-44 war der erste nach dem 2. Weltkrieg in Frankreich gebaute Kampfpanzer. Erste Vorarbeiten waren bereits während der deutschen Besatzung im Geheimen begonnen worden. Der ARL-44 war eine Mixtur aus alt und neu, so zeigen Laufwerk und Ketten eine deutliche Verwandtschaft zum Char B1 der Vorkriegszeit, während die wohlgepanzerte und schräggestellte Wannenfront an Panther und *Tiger* II erinnert. Interessanterweise wurde der ARL-44 von einem Maybach HL230 angetrieben, eben jenem Motor, der auch in *Panther* und *Tiger* zu finden war. Auch der Drehturm des ARL-44 weist eine gewisse Ähnlichkeit mit dem Henschel-Turm des *Tiger* II auf. Die Hauptwaffe des ARL-44 war eine 90-mm-BK L/65, die auf einer Marine-Flak basierte und nach französischen Angaben auf 1000 m Entfernung 200 mm Panzerstahl durchschlug. Bei Kriegsende existierte entgegen der Hoffnungen der französischen Armee nur ein Holzmodell. Die ersten Wannen wurden 1946 fertiggestellt, zahlreiche Probleme führten aber dazu, dass diese nicht vor 1949 mit Türmen ausgerüstet werden konnten. Ursprünglich planten die Franzosen 500 bis 600 ARL-44 zu fertigen, da die Beschaffung von M47 aus den USA jedoch günstiger kam, wurde die Produktion nach 60 Panzern beendet.

| | |
|---|---|
| **Typ:** | ARL-44 |
| **Hersteller:** | FAMH, Renault |
| **Gefechtsgew.:** | 50 000 kg |
| **Länge:** | 7220 mm (Wanne), 10 520 mm (mit Rohr) |
| **Breite:** | 3400 mm |
| **Höhe:** | 3010 mm (Oberkante Turm) |
| **Motor:** | Maybach HL230 12-Zylinder-Ottomotor |
| **Leistung kW/PS:** | 441/600 |
| **Leistungsgew.:** | 12 PS/t |
| **Höchstgeschw.:** | 37 km/h (Straße) |
| **Kraftstoffvorrat:** | k.A |
| **Fahrbereich:** | 300 km |
| **Besatzung:** | 5 |
| **Bewaffnung:** | 1 x 90-mm-BK DCA45 L/65, 1 x 7,5-mm-MG M31 starr in der Wanne, 1 x 7,5-mm-MG M31 koaxial |
| **Panzerung:** | 20 – 120 mm Panzerstahl, |
| **Furttiefe:** | k.A |

*ARL-44 kamen nur beim 503e Régiment de Chars de Combat zum Einsatz. Ihren ersten öffentlichen Auftritt hatten die Panzer am 14. Juli 1951 in Paris. Mourmelon-le-Grand, Mai 2008.* (Shaddock, cc by sa 3.0)

# AMX-30

Der AMX-30 ist das französische Gegenstück zum deutschen *Leopard* 1, beide Typen gehen auf ein deutsch-französisches Abkommen zur Entwicklung eines gemeinsamen Standard-Kampfpanzers von 1956 zurück. Wie so oft scheiterte auch dieses internationale Rüstungsprogramm, und beide Staaten bauten schließlich ihre eigenen Entwürfe. Atelier de Construction d'Issy-les-Moulineaux (AMX) stellte im September 1960 den ersten Prototyp des neuen Panzers vor, der 32,5 t wog. Bis 1965 folgten zehn weitere Prototypen (AMX-30A), bei denen verschiedene Turm- und Wannenformen erprobt wurden. Besaßen die ersten neun Prototypen noch einen SOFAM-Ottomotor, so waren die letzten beiden Versuchsfahrzeuge mit Hispano-Suiza Vielstoffmotoren ausgerüstet. Das ab 1966 gebaute Serienmodell (AMX-30B) besaß einen gegossenen Turm und eine gegossene und geschweißte Wanne. Zu seinem Schutz verließ sich der AMX-30 weniger auf seine Panzerung (max. 50 mm) als auf eine flache Silhouette und hohe Mobilität. Die Konstrukteure waren der Meinung, dass eine Panzerung, die stark genug gewesen wäre, um modernen HL-Geschossen Paroli zu bieten, den Panzer zu schwer und unbeweglich gemacht hätte. Im Turm befand sich eine 105-mm-Zugrohr-BK CN-105-F1, die gegen Panzer zunächst nur HL-Munition verschoss, die einen interessanten Aufbau besaß. Die Wirksamkeit von HL-Gefechtsköpfen leidet, wenn sie durch eine Zugrohr-BK in Drehung versetzt werden. Das HL-Geschoss des AMX-30 bestand daher aus einem äußeren, sich rasch drehenden Teil und einem inneren Part, der weit weniger schnell rotierte, da er über Kugellager mit der äußeren Hülle verbunden war. Bis auf 3000 m waren so Durchschlagsleistungen von 400 mm Panzerstahl möglich. Die Hauptwaffe war zunächst nicht

*Ein AMX-30B2 des 4e Régiment de Dragons (französische 6. leichte Division) nahe As Salman (Südirak) während der Operation Desert Storm im Februar 1991.* (US Army)

IL EST UNIQUE AU MONDE

| | |
|---|---|
| **Typ:** | AMX-30B/AMX-30B2 |
| **Hersteller:** | GIAT Industries |
| **Gefechtsgew.:** | 36 000 kg/37 000 kg |
| **Länge:** | 6590 mm (Wanne), 9480 mm (mit Rohr) |
| **Breite:** | 3100 mm |
| **Höhe:** | 2290 mm (Oberkante Turm), 2860 mm (mit Fla-MG) |
| **Motor:** | Hispano-Suiza HS 110 12-Zylinder-Vielstoffmotor |
| **Leistung kW/PS:** | 530/720 bzw. 574/780 |
| **Leistungsgew.:** | 20 PS/t bzw. 21,1 PS/t |
| **Höchstgeschw.:** | 65 km/h (Straße) |
| **Kraftstoffvorrat:** | 970 l |
| **Fahrbereich:** | 600 km/500 km |
| **Besatzung:** | 5 |
| **Bewaffnung:** | 1 x 105-mm-BK CN-105-F1 L/56, 1 x 20-mm-MK M693 koaxial, 1 x 7,62-mm-Fla-MG |
| **Panzerung:** | max. 50 mm Panzerstahl (einige AMX-30B2 mit ERA) |
| **Furttiefe:** | 1,3 m ohne, 4,0 m mit Vorbereitung |

*Oben: AMX-30B des Panzermuseums Bovington in Großbritannien. Tankfest, Bovington, Juni 2011.* (Paul Appleyard)

*Links: Für die Operation Desert Storm rüstete die französische Armee sechs AMX-30B des 4e Régiment de Dragons mit sowjetischen Minenwalzen aus, die aus NVA-Beständen kamen. Dieses Exemplar steht heute im Panzermuseum von Saumur.* (Massimo Foti)

stabilisiert, dies wurde erst 1971 eingeführt. Der Kommandant verfügte über einen optischen-EM. Ab 1972 wurde das 12,7-mm-MG neben der BK durch eine 20-mm-MK M693 ersetzt, die unabhängig von der Hauptwaffe bis auf +45° gerichtet werden konnte und so auch gegen Luftziele einsetzbar war. Ältere AMX-30 wurde entsprechend nachgerüstet. Probleme bereitete dem AMX-30 vor allem das manuelle Getriebe. Ab 1979 wurde der Typ einem umfangreichen Modernisierungsprogramm unterzogen, zu dem der Einbau eines neuen, halbautomatischen Getriebes, eines HS-110-S2 Motors mit 780 PS, einer verstärkten Aufhängung, ein verbessertes ABC-Schutzsystem sowie eines integrierten FL-Systems mit Laser-EM und Restlichtkamera gehörten. Die ersten modifizierten, nun AM-30B2 genannten Panzer liefen der Truppe 1982 zu. Neben 493 Umbauten entstanden 166 neue B2. Bis 1985 wurden für die französische Armee insgesamt 1173 AMX-30 gebaut. In den 1990er Jahren rüstete die französische Armee die AMX-30 zweier Regimenter mit ERA-Blöcken aus (Brenus), die Turm und Wannenfront schützten. Die Panzer zweier weiterer Regimenter erhielten nur die Vorbereitungen für diese Modifikation. Ab 1998 erhielten noch vorhandene AMX-30 neue Diesel des Typs Renault-Mack E9 mit 750 PS. Dieser Motor wurde ab jenem Zeit-

punkt auch in Fahrzeuge verbaut, die auf dem Fahrgestell des AMX-30 basieren. Neben einem Bergepanzer (AMX-30D), einer Panzerhaubitze (AMX-30 AuF1 oder GCT 155mm), einem Pionierpanzer (AMX-30 EBG) und einem Minenleger (AMX-30 EBD) gehörten dazu ein Fahrschulpanzer, ein Träger für eine taktische Atomrakete (TEL Pluton) und der FlaRak-Panzer *Roland* (AMX-30R) sowie ein Fahrzeug zur Darstellung gegnerischer Panzer im Manöver (AMX-30 FORAD). Eine kleine Zahl von AMX-30 wurde mit Minenräumgeräten aus den Beständen der ehemaligen NVA zu Minenräumpanzern umgerüstet. Der AMX-30S war eine vereinfachte Exportversion für den Nahen Osten mit einem auf 620 PS gedrosselten Motor, Kettenblenden und auf 60 km/h reduzierter Geschwindigkeit. Saudi-Arabien beschaffte davon ab 1973 190 Stück sowie 59 AMX-30D Bergepanzer, 52 AMX-30DCA Flakpanzer mit 30-mm-Zwillingsflak und 50 AMX-30SA mit Sahine FlaRak. Weitere neun Staaten beschafften AMX-30, die größten Abnehmer darunter waren Griechenland, Venezuela und Spanien. Spanien baute den Typ auch in Lizenz (AMX-30E) und modernisierte die Hälfte seine Flotte ab 1988 mit amerikanischen Allison-Getrieben (AM-30E1). Die andere Hälfte (E2) erhielt ab 1989 einen deutschen Antriebsstrang (MTU MB833 Ka-501 Diesel, ZF-Getriebe), neue Kettenblenden, das Fahrwerk des AMX-30B2 und eine neue digitale FL-Anlage mit Laser-EM und WBG.
Bis 1994 wurden (inklusive aller Varianten) insgesamt 3571 AMX-30 produziert.
Der AMX-32, eine ab 1975 entwickelte verbesserte Version (Prototypen 1979 und 1981) mit neuer FL-Anlage, 800-PS-Diesel und neuer Panzerung (Schott- und Verbundbauweise) kam über das Versuchsstadium nicht hinaus.

*AMX-30B Brenus mit reaktiver Zusatzpanzerung.* (GIAT)

# A 34 Comet

Der A 34 *Comet* entstand ab Mitte 1943 auf den Reißbrettern von Leyland und war als Weiterentwicklung des A 27 *Cromwell* gedacht, beide Typen hatten schließlich jedoch nur noch 40% aller Teile gemein. Auffälligste Unterschiede waren ein neuer Turm mit einer leistungsfähigeren BK sowie das neue Fahrwerk. Obwohl dieses über Stützrollen verfügte, war es noch immer nach dem Christie-Prinzip aufgebaut und an in der Wanne liegende Schraubenfedern aufgehängt. In Verbindung mit einem 600-PS-Ottomotor vom Typ Meteor (eine Variante der Rolls-Royce Merlin-Triebwerke britischer Jäger und Bomber) verhalf dieses Fahrwerk dem A 34 zu einer für seine Zeit erstaunlichen Agilität. Die BK des *Comet* war eine verkürzte und kompaktere Version des 17-Pfünders und besaß wie dieser das Kaliber 76,2 mm. Aus logistischen Gründen, um z.B. eine Verwechselung der Munition zu vermeiden, wurde die Waffe jedoch als OQF 77 mm Mk 2 bezeichnet.
Diese BK zwar ein wenig schwächer als das Ursprungsmodell, passte aber gerade noch in einen Turm, der es nicht notwendig machte, die Wanne des *Cromwell* zu vergrößern – ein Umstand, der bei der Entwicklung Zeit und Aufwand sparte. Der A 34 *Comet* erwies sich als so gelungene Konstruktion, dass während der Produktion nur die Abgasanlage geändert werden musste. Wenige frühe Fahrzeuge ohne diese Modifikation werden daher als Ausführung A und die große Mehrzahl mit veränderter Abgasführung als Version B bezeichnet. Nachdem im Februar 1944 der erste Prototyp fertiggestellt worden war, begann schließlich

*Der Comet war in den ersten Nachkriegsjahren der wichtigste Kampfpanzer der britischen Armee. Bovington, Juni 2011.* (Paul Appleyard)

*Comet des Panzermuseums Bovington, aufgenommen im März 2012.* (Paul Appleyard)

im September 1944 die Serienproduktion des *Comet*. Die ersten Fahrzeuge liefen der Truppe Ende 1944 zu. Obwohl bis Mai 1945 rund 1200 A 34 entstanden, wurde nur eine einzige Einheit (11th Armoured Division) noch vor Kriegsende vollständig auf *Comet* umgerüstet, sodass der Typ im 2. Weltkrieg keine große Rolle mehr spielen konnte. Der A 34 avancierte jedoch zum wichtigsten britischen Panzer der ersten Jahre des Kalten Krieges. Ab Ende der 1940er Jahre löste der *Centurion* den *Comet* langsam ab. Beide Typen kamen noch Seite an Seite während des Koreakriegs (1950 bis 1953) zum Einsatz, bis 1958 waren aber die letzten A 34 aus dem britischen Inventar verschwunden. Seit Anfang der 1950er Jahre wurde eine ganze Reihe von überzähligen Fahrzeugen an andere Streitkräfte veräußert. Südafrika kaufte 1953 26 A 34, die bis 1976 in Dienst standen, während Finnland insgesamt 41 Panzer erhielt, die bis 1970 verwendet und dann eingelagert wurden. Irland beschaffte ab 1959 acht *Comet*, die man erst Mitte der 1970er Jahre aussonderte. 26 weitere gingen an Burma (heute Myanmar), dessen Streitkräfte einige dieser Panzer bis weit in die 1990er Jahre hinein verwendet haben.

Der *Comet* war sicher der gelungenste britische Panzerentwurf, der noch im 2. Weltkrieg zum Einsatz kam, war aber bereits spätestens Anfang der 1950er Jahre veraltet.

| | |
|---|---|
| **Typ:** | A 34 Comet (Ausf. B) |
| **Hersteller:** | Leyland Motors |
| **Gefechtsgew.:** | 35 775 kg |
| **Länge:** | 7660 mm (mit Rohr) |
| **Breite:** | 3070 mm |
| **Höhe:** | 2670 mm |
| **Motor:** | Rolls-Royce Meteor Mk III, 12-Zylinder-Ottomotor |
| **Hubraum:** | 26 900 ccm |
| **Leistung kW/PS:** | 442/600 |
| **Leistungsgew.:** | 16,8 PS/t |
| **Höchstgeschw.:** | 50 km/h (Straße), 25,5 km/h (Gelände) |
| **Kraftstoffvorrat:** | 527 l |
| **Fahrbereich:** | 200 km (Straße) |
| **Besatzung:** | 5 |
| **Bewaffnung:** | 1 x 77-mm-BK OQF Mk 2 L/55 (tatsächliches Kaliber 76,2 mm), 1 x 7,92-mm-MG koaxial, 1 x 7,92-mm-MG im Bug |
| **Panzerung:** | 14 – 102 mm |
| **Furttiefe:** | 1,02 m |

# Centurion (FV4000 Series)

Der *Centurion* (Zenturio) reflektierte die von der britischen Armee zwischen 1940 und 1943 gemachten Erfahrungen und wurde in der Endphase des 2. Weltkriegs konstruiert. Anstelle langsamer Infanterie- und schneller Kreuzerpanzer sollte ein Tank gebaut werden, der beiden Rollen gerecht wurde und über die Feuerkraft und Panzerung verfügte, um es mit *Tiger* und *Panther* aufzunehmen – Geschwindigkeit war sekundär. Obwohl die ersten sechs Prototypen (Mk 1) im Mai 1945 noch eilends nach Deutschland geschickt wurden, nahmen sie an keinen Kämpfen mehr teil. Der gegossene 3-Mann-Turm war zunächst mit einer 76,2-mm-BK L/55 (17-Pfünder) ausgestattet, war aber von vornherein auf die spätere Umrüstung mit einer schwereren Waffe vorbereitet. Die Produktion des Serienmodells Mk 2 mit verstärkter Panzerung (Front 118 mm, Turm 152 mm, Heck 51 mm) begann im November 1945. Insgesamt gab es vom *Centurion* 13 Haupt- und zahlreiche Untervarianten, die sich vor allem bezüglich ihrer Sekundär- und Hauptwaffen, der IR-Ausrüstung sowie der Stärke der Panzerung unterschieden. So kam ab der Version Mk 3 (1948) eine vollstabilisierte 83,4-mm-BK (20-Pfünder) und ab dem Modell Mk 5/2 eine 105-mm-BK L/51 L7 zum Einbau. Als einem der ersten Panzer fehlte dem *Centurion* das Bug-MG, stattdessen wurde dort zusätzliche Munition untergebracht. Das Horstmann-Laufwerk besaß pro Seite drei Rollenwagen mit je zwei großen Laufrädern. Es wurde von Anfang an durch schwere Kettenblenden geschützt (im Sprachgebrauch der Truppe als Bazooka-Shields bezeichnet) und ermöglichte dem Typ trotz des recht leistungsarmen 650-PS-Ottomotors eine gute Geländegängigkeit. Der durstige Meteor-Motor, die daraus resultierende geringe Reichweite sowie eine unbefriedigende Straßenhöchstgeschwindigkeit waren die Hauptschwächen des *Centurion*. Dennoch gilt der Typ als einer der besten Kampfpanzer der Nachkriegszeit.

***Die Version Mk 2 (mit einer 20-Pfünder-BK und verstärkter Panzerung) war das erste Serienmodell des Centurion und blieb von Ende 1945 bis 1949 in Produktion.*** (Tank Museum)

*Oben: Centurion Mk 3 mit der 20-Pfünder-BK (83,4 mm). Isle of Wight Military Museum, August 2010.* (Paul Appleyard)

*Unten: Kanadische Centurion Mk 5/2 mit 105-mm-BK im Gelände.* (National Archives of Canada)

Bis 1962 wurden 4423 *Centurion* gebaut, davon rund 2500 für den Export. Zahlreiche Spezialversionen künden von der Wandlungsfähigkeit des Typs, darunter Berge-, Brückenlege- und Pionierfahrzeuge, von denen der AVRE 165 (mit einem kurzläufigen 165-mm-Ladungswerfer) sicher der bekannteste ist. Diverse Versuchsträger, wie z.B. der Jagdpanzer *Conway* mit einer 183-mm-Bk und einige Selbstfahrlafetten kamen über das Prototypenstadium nicht hinaus.
Neben Großbritannien verwendeten oder verwenden 19 weitere Staaten *Centurion* (u.a. auch die Schweiz, die Niederlande, Südafrika, Schweden sowie eine Reihe arabischer Länder) und schufen zum Teil eigene Varianten (siehe z.B. die israelische Version *Sho't*) oder rüsteten die Fahrzeuge z. B. mit Dieselmotoren, anderen Funkgeräten und Sekundärwaffen aus.
Den ersten Kriegseinsatz erlebte der Typ, als britische *Centurion* Mk 3 1950 nach Korea verschifft wurden und sich dort trotz des bergigen Geländes bestens bewährten. Auch in den Nahostkriegen 1967 und 1973 wurde der Typ verwendet, da sowohl Israel als auch Jordanien und Ägypten *Centurion* nutzten. Indien setze Panzer dieses Modells in den Kriegen gegen Pakistan von 1965 und 1971 ein, während australische *Centurion* ab 1967 an den Kämpfen in Vietnam teilnahmen. Seinen letzten größeren Kampfeinsatz erlebte der Typ während Desert Storm Anfang 1991, als die Briten 12 *Centurion* Mk 5 AVRE 165 Pionierpanzer verwendeten.

*Israelische Centurion Mk 3 bei einer Parade in Tel Aviv im Jahre 1965. Man beachte die Rauchabsauger der 83,4-mm-BK, die nur an späten Fahrzeugen dieser Variante zu finden sind.* (PD)

Oben: Neben der Schweiz, die 100 Panzer 55 (Centurion Mk 5, hier im Bild), 100 Panzer 57/60 (Centurion Mk 7/2) und 10 Entpannungspanzer 56 (Centurion ARV) betrieb, setzte auch Österreich ab 1985 den Typ ein – allerdings nur in Form abmontierter Drehtürme, die in sogenannte »Festen Anlagen« eingebaut wurden und ursprünglich zu niederländischen Panzern gehört hatten. Die Bundeswehr erprobte 1956/57 einige Centurion, entschied sich schließlich jedoch für den US-Panzer M48. Panzermuseum Thun, 25. Mai 2012. (Massimo Foti)

Unten: Ein Strv 102R der schwedischen Panzertruppe. Schweden beschaffte Anfang der 1950er Jahre in Großbritannien 240 Mk 3, die u.a mit schwedischen Funkgeräten und MG ausgerüstet wurden (Strv 81). Anfang der 1960er Jahre wurde die Panzer auf 105-mm-BK umgerüstet und erhielten die Bezeichnung Strv 102. Nachdem Anfang der 1980er Jahre u.a.eine moderne FL-Anlage mit Laser-EM eingebaut wurde, änderte sich die Bezeichnung in Strv 102R. (Lasse Sjögren/ Swedish Armed Forces)

| | |
|---|---|
| **Typ:** | Centurion Mk 5/2 |
| **Hersteller:** | Leyland Motors, Royal Ordnance, Vickers |
| **Gefechtsgew.:** | 50 700 kg |
| **Länge:** | 7556 mm (Wanne), 9829 mm (mit Rohr) |
| **Breite:** | 3390 mm (mit Kettenblenden) |
| **Höhe:** | 2940 mm (ohne Fla-MG) |
| **Motor:** | Rolls-Royce Meteor MK IVB 12-Zylinder-Ottomotor |
| **Leistung kW/PS:** | 478/650 |
| **Leistungsgew.:** | 12,82 PS/t |
| **Höchstgeschw.:** | 35 km/h (Straße) |
| **Kraftstoffvorrat:** | 458 l |
| **Fahrbereich:** | 100 km |
| **Besatzung:** | 4 |
| **Bewaffnung:** | 1 x 105-mm-BK L/51, 1 x 12,7-mm-Einschieß-MG und 1 x 7,62-mm-MG koaxial, 1 x 7,62-mm-Fla-MG, 2 x 6 Nebelwurfbecher |
| **Panzerung:** | 19 – 152 mm Panzerstahl |
| **Furttiefe:** | 1,45 m ohne, 2,74 m mit Vorbereitung |

| | |
|---|---|
| **Typ:** | Centurion Mk 13 |
| **Hersteller:** | Leyland Motors, Royal Ordnance, Vickers |
| **Gefechtsgew.:** | 51 820 kg |
| **Länge:** | 7823 mm (Wanne), 9854 mm (mit Rohr) |
| **Breite:** | 3390 mm (mit Kettenblenden) |
| **Höhe:** | 3009 mm (ohne Fla-MG) |
| **Motor:** | Rolls-Royce Meteor MK IVB 12-Zylinder-Ottomotor |
| **Leistung kW/PS:** | 478/650 |
| **Leistungsgew.:** | 12,54 PS/t |
| **Höchstgeschw.:** | 35 km/h (Straße) |
| **Kraftstoffvorrat:** | 1037 l |
| **Fahrbereich:** | 200 km |
| **Besatzung:** | 4 |
| **Bewaffnung:** | 1 x 105-mm-BK L/51, 1 x 12,7-mm-Einschieß-MG und 1 x 7,62-mm-MG koaxial, 1 x 7,62-mm-Fla-MG, 2 x 6 Nebelwurfbecher |
| **Panzerung:** | 19 – 152 mm Panzerstahl |
| **Furttiefe:** | 1,45 m ohne, 2,74 m mit Vorbereitung |

*Centuion AVRE 165 des Isle of Wight Military Museum, August 2010.* (Paul Appleyard)

# Conqueror (FV 214)

Der *Conqueror* (Eroberer) wurde als Antwort auf den sowjetischen JS-3 entworfen und sollte die *Centurion*-Einheiten unterstützen. Erste Prototypen, noch mit *Centurion*-Türmen ausgerüstet, wurden 1951 gebaut, sie erhielten den Namen *Caenarvon*. Die eigentliche Serienproduktion begann 1955. Der *Conqueror* war massiv gepanzert (im Frontbereich bis zu 178 mm) und besaß eine leistungsfähige 120-mm-Zugrohr-BK (die gleiche wie im US-Panzer M103), die einen großen, schweren Turm erforderte. Diese alles ließ das Gewicht des Panzers auf 66 t steigen, was ihn in Verbindung mit einem schwachen Motor schwerfällig und mechanisch anfällig machte. Der Aufbau war konventionell (Fahrer vorn, Drei-

| | |
|---|---|
| **Typ:** | Conqueror (FV 214) |
| **Hersteller:** | Royal Ordnance |
| **Gefechtsgew.:** | 66 000 kg |
| **Länge:** | 7721 mm (Wanne),<br>11 580 mm (mit Rohr) |
| **Breite:** | 3987 mm (mit Kettenblenden) |
| **Höhe:** | 3353 mm |
| **Motor:** | Rolls-Royce Meteor M.120 Mk 1A<br>12-Zylinder-Ottomotor |
| **Leistung kW/PS:** | 596/810 |
| **Leistungsgew.:** | 12,27 PS/t |
| **Höchstgeschw.:** | 34 km/h (Straße) |
| **Kraftstoffvorrat:** | k.A |
| **Fahrbereich:** | 150 km |
| **Besatzung:** | 4 |
| **Bewaffnung:** | 1 x 120-mm-BK L1 L/55,<br>1 x 7,62-mm-MG koaxial,<br>1 x 7,62-mm-Fla-MG,<br>2 x 6 Nebelwurfbecher |
| **Panzerung:** | 17 – 178 mm Panzerstahl |
| **Furttiefe:** | 1,45 m |

*Oben: Da die eigentlichen Türme noch nicht zur Verfügung standen, wurde 1951 eine Conqueror-Wanne mit einem Centurion-Turm , der einen 17-Pfünder trug, ausgerüstet. Das so entstandene Fahrzeug erhielte den Namen Caenarvon Mk 1. Kurz darauf folgten 22 Mk 2 mit einer 20-Pfünder-BK .* (Tank Museum)

*Rechts: Conqueror des 5th Royal Tank Regiment, Deutschland, 1960.* (Radek Panchartek)

Mann-Turm in der Mitte, Motor und Getriebe hinten), das Horstmann-Laufwerk (pro Seite vier Rollenwagen mit je zwei Ganzstahllaufrollen) wirkte jedoch archaisch. Das FL-System des Conqueror galt zu jener Zeit aber als sehr modern und tatsächlich wäre der Panzer ohne Probleme in der Lage gewesen, den JS-3 auf weite Entfernung auszuschalten. Dennoch wurden bis 1959 nur 180 (oder, je nach Quelle 185) *Conqueror* in zwei Versionen gebaut, die sich nur minimal unterschieden. Hauptgründe für die geringe Stückzahl waren die Unzuverlässigkeit und das hohe Gewicht, aber auch die Tatsache, dass mit der hervorragenden 105-mm-Kanone L7 ausgerüstete *Centurion* die dem *Conqueror* zugedachte Rolle übernahmen. Bis 1966 waren alle Conqueror aus dem Dienst zurückgezogen worden. Als einzige Variante entstanden 28 Bergepanzer, die bis Anfang der 1970er Jahre in Dienst blieben.

*Conqueror Mk 2 (erkennbar am einzelnen Winkelspiegel des Fahrers. Die Version Mk 1 besaß drei Winkelspiegel) als Ausstellungsstück im Tank Museum Bovington, März 2011.*
(Massimo Foti)

# Chieftain (FV 4201)

Bereits in den 1950er Jahren forderte die britische Armee einen Nachfolger für *Centurion* und *Conqueror*, der über möglichst guten Schutz und hohe Feuerkraft verfügen sollte. Zwischen Ende 1959 und April 1962 entstanden schließlich sieben Prototypen des späteren *Chieftain* (Häuptling), 1965 erschienen die ersten Vorserienpanzer, die eigentliche Produktion begann jedoch nicht vor 1967. Probleme mit dem Motor, dem Getriebe und dem Fahrwerk hatten die Entwicklung verzögert.

*Oben: Chieftain Mk 11 auf der Straße des 17. Juni, im Hintergrund die Siegessäule. Ab Mitte der 1980er Jahre verwendeten die in Westberlin stationierten Chieftain der britischen Armee ein spezielles, auf eine urbane Umgebung zugeschnittenes Tarnschema. Berlin, 17. Juni 1989.* (US DoD)

Der *Chieftain* war der am besten geschützte und feuerstärkste Panzer seiner Zeit. Sowohl das gegossene Wannenvorderteil (der Rest der Wanne war verschweißt) als auch die Front des Gußturms waren stark geneigt (28° bzw. 38°) und wiesen eine Dicke von 172 mm bzw. 195 mm auf. Um die Wanne möglichst flach zu halten, befindet sich der Fahrer bei geschlossener Luke in einer fast liegenden Position. Die vollstabilisierte 120-mm-Zugrohr-BK mit Wärmeschutzhülle und Rauchabsauger verschoss zweiteilige Munition, d.h. Geschoss und Treibladung wurden in zwei Schritten geladen. Anstelle eines EM besaßen die ersten Modelle noch ein 12,7-mm-Einschieß-MG, erst in den frühen 1970er Jahren wurden ein Laser-EM und eine rechnergestützte FL-Anlage nachgerüstet.
Anstelle eines Meteor-Triebwerks war der *Chieftain* mit einem Leyland L60 Gegenkolben-Vielstoffmotor ausgerüstet, der zunächst einige Probleme bereitete. Weder seine Zuverlässigkeit noch die Leistung (zunächst nur 585 PS) erreichten die vorgegebenen Werte. Standfestigkeit und Leistung konnten jedoch im Laufe der

*Oben: Die Version Mk 2 war ab 1966 das erste Serienmodell des Chieftain. Bovington, 2009.* (Norman Date)

*Unten: Ein ehemals jordanischer Chieftain Mk 5 des Museums in Lesany (Tschechien) im Jahre 2010.* (Adamicz, cc by sa 3.0)

Zeit verbessert werden, so wurden schließlich 750 PS erzielt. Insgesamt wurden 12 Haupt- und zahlreiche Subvarianten des *Chieftain* gebaut, die sich oft nur in Details unterschieden. Wichtigste Version war das Modell Mk 5 mit zahlreichen Verbesserungen an Getriebe, Motor (750 PS) und Optiken. Ab 1986 wurden 324 britische *Chieftain* mit einer Zusatzpanzerung an der Turmfront (Stillbrew) und wenig später mit einem WBG (Thermal Obeservation Gunnery Sight – TOGS) an der rechten Turmseite nachgerüstet. Auf Basis des *Chieftain* entstanden zudem ein Brückenleger und zwei Bergepanzer. Bis Anfang der 1970er Jahre wurden rund 900 *Chieftain*-Kampfpanzer für die britische Armee gebaut, die bis 1995 in Dienst standen. Weiterentwicklungen des Typs mit leistungsstärkeren Dieselmotoren und Chobham-Verbundpanzerung (Chieftain 800 bzw. 900) kamen über das Versuchstadium nicht hinaus.
Kuwait beschaffte 1976 175 neue und ab 1989 65 gebrauchte *Chieftain*. Ab 1981 wurden 27 generalüberholte Fahrzeuge an Oman verkauft. Größter Exportkunde war der Iran, der 1971 707 Kampfpanzer sowie eine Anzahl Berge- und Brückenlegefahrzeuge bestellte, die bis 1978 ausgeliefert wurden. Zusätzlich wurden 187 verbesserte *Chieftains* (FV 4030/1) mit u. a. vergrößerten Treibstofftanks, besserem Getriebe und stärkerem Minenschutz an den Iran verkauft. Eine Bestellung über 125 Shir 1 und 1225 Shir 2 wurde aufgrund der iranischen Revolution storniert.

***Chieftain Mk 11 mit Stillbrew-Zusatzpanzerung und einem WBG (TOGS), 14/20 King s Hussars, Berlin 1989.*** (Radek Panchartek)

*Ein heute in Privatbesitz befindlcher Chieftain auf der War and Peace Show in Hythe, Kent, Juli 2010. Der Chieftain war zu seiner Zeit der bestgepanzerte und feuerstärkste Panzer der NATO – litt jedoch unter einem zu schwachen und unzuverlässigen Antrieb.* (Alf van Beem)

| | |
|---|---|
| **Typ:** | Chieftain Mk 3/Mk5 |
| **Hersteller:** | Leyland Motors, Royal Ordnance |
| **Gefechtsgew.:** | 54 100 kg/55 000 kg |
| **Länge:** | 7518 mm (Wanne), 10 795 mm (mit Rohr) |
| **Breite:** | 3504 mm (mit Schürzen) |
| **Höhe:** | 2895 mm |
| **Motor:** | Leyland L60 Mk 8A 6-Zylinder-Vielstoffmotor |
| **Leistung kW/PS:** | 537/730 bzw. 596/750 |
| **Leistungsgew.:** | 13,49 bzw. 13,63 PS/t |
| **Höchstgeschw.:** | 48 km/h (Straße) |
| **Kraftstoffvorrat:** | 950 l |
| **Fahrbereich:** | 500 km |
| **Besatzung:** | 4 |
| **Bewaffnung:** | 1 x 120-mm-BK L11 A5, 1 x 12,7-mm Einschieß-MG, 1 x 7,62-mm-MG koaxial, 1 x 7,62-mm-Fla-MG, 2 x 6 Nebelwurfbecher |
| **Panzerung:** | max. 195 mm Panzerstahl |
| **Furttiefe:** | 1,07 m ohne, 4,57 m mit Vorbereitung |

Der Irak erbeutete während des Krieges 1980–1988 eine größere Anzahl von iranischen Chieftains und veräußerte diese entweder an Jordanien oder setzte sie selbst ein, bzw. gab sie an die Iranischen Volksmujahedin weiter, die vom Irak aus gegen das iranische Regime kämpften. Seit ca. 2006 nutzt der Iran eine

unbekannte Anzahl von modifizierten *Chieftain*, die nun den Namen *Mobarez* (Krieger) tragen. Diese Fahrzeuge haben nach iranischen Angaben ein neues Getriebe und einen neuen Dieselmotor unbekannter Leistung, eine neue FL-Anlage, neue Sensoren, Nachsichtgeräte sowie neue Treibstofftanks erhalten.

*Boudicca (eine keltische Königin) ist ein Chieftain Mk 11 mit Stillbrew-Zusatzpanzerung. Das WBG (TOGS) befindet sich dort, wo bei früheren Versionen ein IR-/Weißlichtscheinwerfer untergebracht war – im Behälter an der linken Turmseite.*
*Tankfest, Bovington, Juni 2009.* (Paul Appleyard)

# Vickers Main Battle Tank (MBT) Mk I

| | |
|---|---|
| **Typ:** | Vickers MBT Mk I |
| **Hersteller:** | Vickers Defense Systems |
| **Gefechtsgew.:** | 38 600 kg |
| **Länge:** | 7920 mm (Wanne), 9728 mm (mit Rohr) |
| **Breite:** | 3168 mm |
| **Höhe:** | 2438 mm (Oberkante Turm), 3099 mm (Gesamthöhe) |
| **Motor:** | Leyland L60 Mk 4B 6-Zylinder-Vielstoffmotor |
| **Leistung kW/PS:** | 478/650 |
| **Leistungsgew.:** | 16,84 PS/t |
| **Höchstgeschw.:** | 48 km/h (Straße) |
| **Kraftstoffvorrat:** | 1000 l |
| **Fahrbereich:** | 480 km |
| **Besatzung:** | 4 |
| **Bewaffnung:** | 1 x 105-mm-BK L7, 1 x 12,7-mm-Einschieß-MG, 1 x 7,62-mm-MG koaxial, 1 x 7,62-mm-Fla-MG, 2 x 6 Nebelwurfbecher |
| **Panzerung:** | 17 mm – 80 mm Panzerstahl |
| **Furttiefe:** | 1,14 m |

Vickers sah Ende der 1950er Jahre voraus, dass der *Chieftain* in nicht allzu viele Staaten exportiert werden würde und entwarf daher einen leichteren und kostengünstigen Panzer, der auf die bewährte 105-mm-BK L7 sowie den Antriebsstrang und die FL-Anlage des *Chieftain* zurückgriff. Da der Panzer rund 17 t weniger wog als der *Chieftain*, wurden Motor und Getriebe wesentlich weniger stark beansprucht und waren entsprechend zuverlässiger. Der Entwurf war konventionell aufgebaut und vollständig geschweißt. Das Stützrollenlaufwerk besaß sechs, an Drehstäben aufgehängte Laufrollen. Laufwerk und Wannenseiten wurden durch Kettenblenden geschützt. Die maximale Panzerung betrug 80 mm an der Front. 1963 wurden zwei Prototypen fertigestellt, von denen einer nach Indien gesandt wurde, da dort die Lizenproduktion des Typs beabsichtigt wurde. Der einzige andere Kunde war Kuwait, dass 1968 70 Fahrzeuge bestellte. Vickers entwickelte 1966 zusammen mit der British Aircraft Corporation (BAC) den Prototyp Mk II, der (zusätzlich zur BK) an jeder Seite des Turms mit einem Container für vier Vigilant-PzAbwFK sowie dem entsprechenden Lenksystem bestückt war. Hierfür gingen aber keine Aufträge ein.

*Einziger Kunde des Mk 1 war Kuwait, das 70 Panzer dieses Typs beschaffte.* (Vickers)

# Vijayanta

Nach der Auswertung deutscher und britischer Angebote für einen in Lizenz zu bauenden Kampfpanzer entschied sich die indische Regierung im August 1961 für den Vickers MBT Mk 1. Die Prototypen sowie die ersten 90 Serienpanzer sollten in Großbritannien gebaut werden, danach wollten die Inder die Produktion in einer neuen Panzerfabrik in Avadi, nahe Madras, in Eigenregie durchführen. Das Fahrzeug erhielt den Namen *Vijayanta* (der Siegreiche oder der Eroberer). 1963 lieferte Vickers einen der beiden MBT Mk 1 Prototypen nach Indien, 1965 folgten schließlich die ersten Serienfahrzeuge. Die zunächst in Avadi gebauten Panzer wurden noch aus in England gebauten Teilen gefertigt, später kamen aber alle relevanten Komponenten aus indischer Produktion. Bis 1983 verließen rund 2200 *Vijayanta* die Werkshallen, die letzten Fahr-

*Die rund 2200 in Indien gebauten Vijayanta stellten während der 1970er und 1980er Jahre eine der Hauptstützen des indischen Panzercorps dar.* (Vincent Bourguignon)

| | |
|---|---|
| **Typ:** | Vijayanta |
| **Hersteller:** | Vickers, HVF Avadi |
| **Gefechtsgew.:** | 39 000 kg |
| **Länge:** | 7920 mm (Wanne),<br>9788 mm (mit Rohr) |
| **Breite:** | 3168 mm |
| **Höhe:** | 2438 mm (Oberkante Turm) |
| **Motor:** | Leyland L60 Mk 4B<br>6-Zylinder-Vielstoffmotor |
| **Leistung kW/PS:** | 478/650 |
| **Leistungsgew.:** | 16,7 PS/t |
| **Höchstgeschw.:** | 48 km/h (Straße) |
| **Kraftstoffvorrat:** | 1000 l |
| **Fahrbereich:** | 480 km |
| **Besatzung:** | 4 |
| **Bewaffnung:** | 1 x 105-mm-BK L7,<br>1 x 12,7-mm-Einschieß-MG,<br>1 x 7,62-mm-MG koaxial,<br>1 x 7,62-mm-Fla-MG,<br>2 x 6 Nebelwurfbecher |
| **Panzerung:** | 17 mm – 80 mm Panzerstahl |
| **Furttiefe:** | 1,14 m |

*Ein Vijayanta während einer Parade in Neu Dehli. Man beachte den IR-/Weißlichtscheinwerfer links neben der BK sowie die neuen Kettenblenden.* (Indisches Verteidigungsministerium)

zeuge wurden 2008 ausgemustert. Der *Vijayanta* war während seiner Dienstzeit einigen Modifikationen unterworfen, die vor allem die Ausrüstung mit moderneren FL-Anlagen (u.a. Laser-EM, Ballistik-Rechner) betrafen (Mk 1A, B und C). Ein Programm zur Ausrüstung mit dem W-46 Diesel des T-72 (780 PS) und einer in Indien entwickelten Verbundzusatzpanzerung (Kanchan) wurde aus finanziellen Gründen Ende der 1990er Jahre abgebrochen. Auf Basis des *Vijayanta* enstanden zudem Berge- und Brückenpanzer. Die mit der sowjetischen M-46 130-mm-Kanone ausgerüstete Selbstfahrlafette *Catapult* verwendete eine verlängerte *Vijayanta*-Wanne mit sieben Laufrädern. Von diesem Typ wurden 170 Exemplare gebaut, die nun ebenfalls ausgemustert werden.

***Dieser frühe Vijayanta zeigt das zunächst typische dunkelgrüne Farbschema sowie die ursprünglichen Kettenschürzen.***
(Indisches Verteidigungsministerium)

# M50 und M51 Sherman

Das noch junge Israel erwarb nach 1948 eine größere Anzahl verschiedener Versionen des US-Panzers M4 *Sherman*, der auf dem Gebrauchtmarkt zu günstigen Preisen reichlich verfügbar war. So lieferte Frankreich 1956 100 M4A1E8 mit 76,2-mm-BK M1, die in Israel als M1 *Super Sherman* bezeichnet wurden. Bereits zwei Jahre zuvor hatte die israelische Armee (IDF) die Möglichkeit des Einbaus französischer 75-mm-BK CN75-50 (die stark von der 7,5-cm-KWK 42 L/70 des *Panther* beeinflusst waren) in ihre *Sherman* untersucht, allerdings mussten für dieses Vorhaben größere Veränderungen am Turm vorgenommen werden, sodass die ersten, so modifizierten *Sherman* nicht vor 1956 an die Truppe übergeben werden konnten – gerade rechtzeitig, um an den Gefechten gegen ägyptische Truppen während der Suezkrise in jenem Jahr teilzunehmen. Die franzöische BK wurde in Israel M50 genannt, daher erhielten die Panzer die Bezeichnung M50 *Sherman*. Die erste 50 Panzer des Typs M50 waren noch mit den orginalen Continental-Sternmotoren, VVSS-Federung und ursprünglichen, schmalen Ketten ausgrüstet (M50 Mk 1). Aufgrund der Kampferfahrungen von 1956 wurden ab 1960 weitere 250 *Sherman* mit einem HVSS-Laufwerk mit breiteren Ketten und einem 460-PS-Cummins Diesel ausgestattet (M50 Mk 2). Obwohl der M50 eine gute Chance im Kampf gegen die arabischen T34/85 besaß, war seine BK den neuen, aus der UdSSR gelieferten Panzern der Typs T-54/55 und JS-3 nicht mehr gewachsen. Die israelische Armee erwog zunächst die Möglichkeit, die französische 105-mm-BK CN-105-F1 L/56 (die Waffe des AMX-30) in ihre *Sherman* zu integrieren, dies erwies sich jedoch als unmöglich. Das Kanonenrohr wurde daher um 1,5 m gekürzt und mit einer Mündungsbremse versehen. Diese BK D1504 L/44 konnte in einem stark modifizierten Turm T23 (wie er auch beim M4A3E8 zum Einbau kam), der ein massives Gegengewicht am Heck zum Ausgleich des langen Rohrs erhalten hatte, integriert werden. Die israelische Armee baute ab 1965 rund 200 M4A1 um und versah diese mit den neuen Türmen, Cummings-Dieselmotoren, Easy Eight E8 HVSS-Laufwerken mit breiten Ketten, einen IR-Suchscheinwerfer über der BK, Nebelwurfbechern und weiteren Detailänderungen. Diese Panzer wurden als M51 *Sherman* bezeichnet, der häufig zu lesende Name *ISherman* wurde in Israel nie verwendet. Die M51 kamen im Sechstagekrieg 1967 sowie im Jom-Kippur-Krieg 1973 zum Einsatz und waren trotz ihres Alters recht erfolgreich. Die überlegene Ausbildung ihrer Besatzung sowie die Schlagkraft der 105-mm-HL-Ge-

*Rechts: Seitenansicht eines M51 der IDF mit 105-mm-BK.* (Oliver Missing)

*Ein M50 der IDF an der Golanfront 1967.* (IDF)

*Oben: Eine Kolonne von M50 der IDF während des Krieges von 1967.* (IDF)

schosse ermöglichten, dass sie auch den neuesten arabischen Panzern sowjetischer Produktion gewachsen waren.

M50 Mk 1 wurden ab 1972, M50 Mk 2 sowie M51 ab Ende der 1970er Jahre ausgesondert. Einige wurden zu Spezialfahrzeugen wie Selbstfahrlafetten, Artilleriebeobachtungs-, Pionier- bzw. Ambulanzpanzern umgebaut oder wurden an mit Israel verbündete Milizen im Libanon abgegeben. Ab 1979 gingen zudem über 150 M50 und M51 an Chile. Die M50 wurde dort mit einer israelischen 60-mm-BK und einem modernen FL-System ausgerüstet. Zwischen 1994 und 1998 wurden die M51 generalüberholt und mit neuen Detroit Diesel 8V-71T Motoren ausgestattet. Die chilenischen M50 und M51 blieben bis nach der Jahrtausendwende im Dienst.

Chile beschaffte ab 1979 über 150 M50 und M51 an. Die in Chile mit einer israelischen 60-mm-BK sowie einem modernen FL-System versehen M50 blieben bis nach der Jahrtausendwende im Dienst.

Ein M51 an der Spitze einer Kolonne von M3-Halbkettenfahrzeugen. Israelisch-syrisches Grenzgebiet, Oktober 1973 (IDF)

*Dieser M51 wurde 2011 im Museum Overloon in den Niederlanden fotografiert.* (Massimo Foti)

| | |
|---|---|
| **Typ:** | M51 |
| **Hersteller:** | IDF Ordnance Corps |
| **Gefechtsgew.:** | 39 000 kg |
| **Länge:** | 5920 mm (Wanne) |
| **Breite:** | 3000 mm |
| **Höhe:** | 3020 mm (Oberkante Kommandantenkuppel) |
| **Motor:** | Cummins 8V 8-Zylinder-Dieselmotor |
| **Leistung kW/PS:** | 338/460 |
| **Leistungsgew.:** | 11,79 PS/t |
| **Höchstgeschw.:** | 45 km/h (Straße) |
| **Kraftstoffvorrat:** | k.A. |
| **Fahrbereich:** | 270 km |
| **Besatzung:** | 4 – 5 |
| **Bewaffnung:** | 1 x 105-mm-BK D1504 L/44, 1 x 7,62-mm-MG koaxial, 1 x 12,7-mm und/oder 7,62-mm-Fla-MG, 1 x 60 mm-Mörser, 2 x 2 Nebelwurfbecher |
| **Panzerung:** | 12,7 mm – 108 mm Panzerstahl, |
| **Furttiefe:** | 0,9 m |

# Sho't

*Sho't-kal der israelischen 7. Panzerbrigade, Golanhöhen, Oktober 1973.* (Vincent Bourguignon)

Israel beschaffte ab 1959 *Centurion* Mk 3 und 5 mit Meteor-Ottomotoren und 83,4-mm-BK. Diese Panzer wurden ab 1963 mit 105-mm-BK L7 ausgestattet und fortan als *Sho't Meteor* bezeichnet. Ab 1970 folgte der Einbau von Continental AVDS-1790-2A Dieseln und neuen Allison-Automatikgetrieben, die bereits in den M60 der IDF zu finden waren. Dazu musste das Wannenheck erheblich umgestaltet und die Luftfilter auf die Kettenabdeckungen verlegt werden. Des Weiteren wurden neue Bremsen, ein verbessertes Feuerlöschssystem, eine neue Elektroanlage sowie verbesserte Munitionshalterungen installiert. Ursprünglich als *Sho't Kal* (für Continental) bezeichnet, durchliefen diese Panzer mehrere kleine Umrüstungsstufen (z.B. neuer Turmantrieb, neue FL-Anlage, neue BK-Stabilisierung, Reaktivpanzerung des Typs Blazer etc.) und erhielten die Zusätze Alef/Bet/Gimel/Dalet.

Bis 1974 waren alle *Sho't* (rund 1400) auf die Version Kal umgerüstet. Die noch vorhandenen *Sho't* (ca. 360) sind heute meist als Kriegsreserve eingelagert, andere wurden ver-

*Sho't der IDF im Jahre 1973 in der Wüste des Sinai.* (IDF)

äußert (z.B. Singapur) oder zu Pionierpanzern (*Puma*) bzw. Mannschaftstranportern (*Nagmascho't*) umgebaut.
Sho't (hebräisch für Peitsche) waren in den Kriegen von 1967 und 1973 neben M48/M60 die Hauptstütze der IDF. *Sho't* zeichneten sich besondern 1973 an den Golanhöhen aus, als rund 100 Sho't der 7. Panzerbrigade ca. 1400 syrische Panzer aufhielten und mehr als 500 gegnerische Panzerfahrzeuge zerstörten.

| | |
|---|---|
| **Typ:** | Sho't |
| **Hersteller:** | IDF Ordnance Corps |
| **Gefechtsgew.:** | 51 800 kg |
| **Länge:** | 7800 mm (Wanne) |
| **Breite:** | 3390 mm |
| **Höhe:** | 2960 mm<br>(ohne Fla-MG) |
| **Motor:** | Continental AVDS-1790-2A<br>12-Zylinder-Dieselmotor |
| **Leistung kW/PS:** | 552/750 |
| **Leistungsgew.:** | 14,48 PS/t |
| **Höchstgeschw.:** | 43 km/h (Straße) |
| **Kraftstoffvorrat:** | k.A. |
| **Fahrbereich:** | 400 km |
| **Besatzung:** | 4 |
| **Bewaffnung:** | 1 x 105-mm-BK L7A1 L/51,<br>1 x 7,62-mm-MG koaxial,<br>1 x 12,7-mm-MG auf der BK,<br>1 – 2 x 7,62-mm-Fla-MG,<br>(teils 1 x 60 mm-Mörser),<br>Nebelwurfbecher |
| **Panzerung:** | 17 mm – 152 mm Panzerstahl,<br>spätere Versionen<br>mit Blazer-ERA (optional) |
| **Furttiefe:** | 1,45 m |

# Typ 61

Die Entwicklungsarbeiten für diesen ersten japanischen Nachkriegspanzer begannen bereits 1954. Nach der Erprobung diverser Prototypen wurde das Modell 1961 von der japanischen Armee akzeptiert, die Serienproduktion lief 1962 an, bis 1975 wurden insgesamt 560 Typ 61 gebaut. Die letzten Typ 61 wurden erst 2000 ausgemustert. Anstelle einfach Panzer aus US-Produktion zu kaufen, forderte die japanische Armee ein Fahrzeug, das auf die Infrastruktur des Landes und die (damals) geringe Körpergröße ihrer Soldaten zugeschnitten war. Der Typ 61 ist daher leichter und kleiner als zeitgenössische Entwürfe.

| | |
|---|---|
| **Typ:** | Typ 61 |
| **Hersteller:** | Mitsubishi Heavy Industries |
| **Gefechtsgew.:** | 35 000 kg |
| **Länge:** | 6300 mm (Wanne), 8190 mm (mit Rohr) |
| **Breite:** | 2950 mm |
| **Höhe:** | 2490 mm (Oberkante Turm), 3160 mm (mit Fla-MG) |
| **Motor:** | Mitsubishi Typ 12 HM 21 WT 12-Zylinder-Dieselmotor |
| **Leistung kW/PS:** | 441/600 |
| **Leistungsgew.:** | 17,14 PS/t |
| **Höchstgeschw.:** | 45 km/h (Straße) |
| **Kraftstoffvorrat:** | k.A |
| **Fahrbereich:** | 200 km |
| **Besatzung:** | 4 |
| **Bewaffnung:** | 1 x 90-mm-BK L/52, 1 x 7,62-mm-MG koaxial, 1 x 12,7-mm-FlaMG, 2 x 3 Nebelwurfbecher |
| **Panzerung:** | 15–64 mm Panzerstahl |
| **Furttiefe:** | 1,0 m |

*Das Fla-MG auf der Kommandantenkuppel des Typ 61 kann von innen abgefeuert und gerichtet werden. Man beachte den in die Kuppel integrierten optischen-EM.* (JSDGF)

*Panzer des Modells Typ 61 während eines gemeinsamen Manövers (Orient Shield) mit US-Truppen. Camp Fuji, Japan, November 1985.* (US DoD)

Er ist eine konventionelle Konstruktion, allerdings wirkt der im Wannenheck befindliche 600-PS-Diesel auf ein vorn liegendes Getriebe. Der Typ 61 verfügt nur über recht einfache FL-Anlage und die 90-mm-Zugrohr-BK ist weder stabilisiert noch verfügt sie über eine Wärmeschutzhülle. IR-Scheinwerfer wurden erst später teilweise nachgerüstet. Auch ein ABC-Schutzsystem oder eine Tiefwatausrüstung waren nicht vorhanden. Auf Basis des Typ 61 entstanden zudem ein Brückenleger sowie ein Pionier- und Bergepanzer.

*Typ 61 während einer Parade.* (JSDGF)

# Stridsvagn 103 (Strv 103)

Die Entwicklung des Stridsvagn 103 (Kampfwagen 103) begann Mitte der 1950 Jahre. Nachdem Bofors 1958 einen offiziellen Konstruktionsauftrag erhalten hatte, folgten 1961 die ersten Prototypen. Von 1966 bis 1971 verließen insgesamt 290 Serienfahrzeuge die Werkshallen. Der auch S-Tank genannte Panzer wies eine ganze Reihe ungewöhnlicher Eigenschaften auf, die bei seinem Erscheinen für einiges Aufsehen sorgten. Auffälligstes Merkmal war der fehlende Turm. Die 105-mm-Zugrohr-BK war starr installiert und musste daher mit dem gesamten Fahrzeug gerichtet werden. Dazu besaß der Strv 103 die Möglichkeit auf der Stelle zu drehen und die Wanne mittels einer hydropneumatischen Federung vorn oder hinten anzuheben – der Höhenrichtbereich betrug so –10° bis +12°. Dadurch war es auch möglich die Bodenfreiheit abzusenken, um den Aufzug noch weiter zu verringern. Die Richtgeschwindigkeit lag für eine 180° Drehung bei 2 Sekunden (aus der Bewegung) bzw. 12 Sekunden (im Stand). Der Panzer besaß trotz der unorthodoxen Auslegung ein präzises und feinfühliges Richtverhalten Die BK selbst war eine modifizierte Version der englischen L7 mit längerem Rohr (L/62 statt L/51), das eine höhere v0 und so eine bessere Durchschlagsleistung ermöglichte. Die BK verfügte über eine Ladeautomatik, die ca. 15 Schuss/min erlaubte und aus einem 50-Schuss-Magazin gespeist wurde. Die starre Lafettierung machte allerdings eine Stabilisierung und damit eine gezielte Schussabgabe während der Fahrt unmöglich – der S-Tank musste also Ziele aus dem Halt bekämpfen. Die Besatzung bestand aus drei Mann, dem Fahrer/Richtschützen, dem Kommandanten sowie einem Funker/Rückwärtsfahrer, der mit dem Rücken zum Kommandanten saß. Die Idee eines turmlosen Kampfpanzers entstand, nachdem schwedische Untersuchungen ergeben hatten, dass die meisten Treffer im Bereich des Drehturms erzielt werden. Ein möglichst niedriger Aufzug versprach daher eine bessere Chance auf dem Schlachtfeld.

*Ein Strv 103B im Winter. Das Fla-MG konnte vom Kommandanten auch von innen gerichtet und abgefeuert werden. Zwei weitere starre MG befanden sich im Kasten hinter dem Frontscheinwerfer.* (Swedish Armed Forces)

Links: Der Strv 103C ist gut an den externen seitlichen Dieseltanks zu erkennen.
(Lasse Sjögren/ Swedish Armed Forces)

Oben: Ein früher Strv 103, dieses Modell verfügte weder über den Schwimmbalg noch den Räumschild der Version B. (Swedish Armed Forces )

Zudem wurde die Wannenfront sehr beschussgünstig gestaltetet, was den Schutz weiter erhöhte. Auch der vorn liegende Antrieb trug zum Schutz der Besatzung bei. Ein 240-PS-Diesel wurde im Gelände oder für Fahrten mit hoher Geschwindigkeit von einer 300-PS-Boeing-Gasturbine unterstützt – der S-Tank war damit weltweit der erste Panzer mit Turbinenantrieb. Ab dem 80. Serienfahrzeug (Strv 103B) kam eine stärkere (490 PS) Turbine sowie ein Räumschild zum Graben teilgedeckter Stellungen zum Einbau. Mittels eines aufrichtbaren Schwimmbalgs wurde der S-Tank zudem amphibisch. Alle früheren Strv 103 wurden auf den Stand der B-Variante gebracht. Ende der 1980er Jahre wurden die Strv 103B durch den Einbau einer moderneren FL-Anlage mit Laser-EM, eines neuen 290-PS-Dieselmotors, zusätzlicher seitlicher Dieseltanks sowie weiterer Detailverbesserungen zum Strv 103C. Nach Einführung der Strv 121 und 122 (*Leopard* 2) ab 1997 wurde der S-Tank schrittweise abgelöst, der letzte Strv 103 wurde 2001 ausgesondert. Obwohl der S-Tank von den USA und Großbritannien mit guten Ergebnissen getestet wurde, kam es zu keinen Exportaufträgen.

| | |
|---|---|
| **Typ:** | Strv 103B/Strv 103C |
| **Hersteller:** | Bofors |
| **Gefechtsgew.:** | 39 700 kg/42 500 kg |
| **Länge:** | 7040 mm (Wanne),<br>8990 mm (mit Rohr) |
| **Breite:** | 3600 mm (3800 mm) |
| **Höhe:** | 2140 mm (Oberkante Wanne),<br>2430 mm (gesamt) |
| **Motor:** | Rolls-Royce K60<br>(bzw. Detroit Diesel 6V53T)<br>Dieselmotor,<br>Caterpillar 553 Gasturbine |
| **Leistung kW/PS:** | 177 + 360/240 + 490<br>(bzw. 213 + 360/290 + 490) |
| **Leistungsgew.:** | 18,39/18,35 PS/t |
| **Höchstgeschw.:** | 50 km/h (Straße),<br>6 km/h (Wasser) |
| **Kraftstoffvorrat:** | 960 l (ohne Zusatztanks) |
| **Fahrbereich:** | 390 km (mit internem Treibstoff) |
| **Besatzung:** | 4 |
| **Bewaffnung:** | 1 x 105-mm-BK L74 L/62,<br>2 x 7,62-mm-MG starr,<br>1 x 7,62 mm-Fla-MG,<br>8 x Nebelwurfbecher,<br>2 x Lyran Leuchtraketenwerfer |
| **Panzerung:** | max. 100 mm Panzerstahl,<br>Käfigpanzerung im Fronbereich |
| **Furttiefe:** | 1,5 m ohne, schwimmfähig<br>mit Vorbereitung |

*Strv 103 mit Minenwalzen.* (Swedish Armed Forces )

*Der Strv 103C des Panzermuseums in Bovington während der jährlichen Veranstaltung »Tankfest« (oben im Jahre 2011, unten 2009). Ob seiner radikalen Auslegung erregte der S-Tank bei seinem Erscheinen in den 1960er Jahren einiges Aufsehen und galt aufgrund seiner günstigen Formgebung als sehr gut geschützt. Das Gitter auf der Wannenfront sollte zudem HEAT-Geschosse frühzeitig ansprechen lassen und so ihre Durchschlagskraft mindern. Anfang der 1990er Jahre durchgeführte Schussversuche mit ex-NVA T-72 endeten allerdings katastrophal. Die 125-mm-Geschosse durchschlugen die Frontpanzerung ohne Probleme.* (Paul Appleyard)

# Panzer 61

Ende 1951 erhielt die Eidgenössische Konstruktionswerkstätte den Auftrag zur Entwicklung eines mittleren Kampfpanzers, von dem 1957 10 Vorserienfahrzeuge (Panzer 58) bestellt wurden. Die mit britischen 83,4-mm- oder schweizerischen 90-mm-BK ausgerüsteten Panzer 58 erfüllten jedoch die Erwartungen nicht, sodass 1961 schließlich 150 Exemplare einer Version mit neuem Turm und 105-mm-Zugrohr BK (eine leicht modifizierte britische L7) bestellt wurden, die zwischen 1965 und 1967 zur Truppe kamen. Der Panzer 61 wies einige interessante Eigenschaften auf, so waren Wanne und Turm aus einem Stück gegossen und anstatt eines koaxialen MG wurde

| | |
|---|---|
| **Typ:** | Panzer 61 |
| **Hersteller:** | Eidgenössische Konstruktionswerkstätte Thun |
| **Gefechtsgew.:** | 38 000 kg |
| **Länge:** | 6780 mm (Wanne), 9430 mm (mit Rohr) |
| **Breite:** | 3080 mm |
| **Höhe:** | 2720 mm (Oberkante Kuppel), 2850 mm (gesamt) |
| **Motor:** | MTU MB 837 Ba-500 8-Zylinder-Dieselmotor |
| **Leistung kW/PS:** | 463/630 |
| **Leistungsgew.:** | 17 PS/t |
| **Höchstgeschw.:** | 55 km/h (Straße) |
| **Kraftstoffvorrat:** | 760 l |
| **Fahrbereich:** | 300 km |
| **Besatzung:** | 4 |
| **Bewaffnung:** | 1 x 105-mm-BK L7 L/51<br>1 x 20-mm-MK koaxial (ab 1983 durch 7,5-mm-MG ersetzt),<br>1 x 7,5 mm-Fla-MG,<br>2 x 3 Nebelwurfbecher, |
| **Panzerung:** | max. 120 mm Panzerstahl |
| **Furttiefe:** | 1,1 m ohne Vorbereitung |

*Prototyp Nr. 2 (mit 83,4 mm-BK) des Pz 58. Man beachte den langen Lauf der koaxialen 20-mm-MK. Panzermuseum Thun, Mai 2012.*

*(Massimo Foti)*

eine 20-mm-MK installiert. Zudem besaß das Laufwerk keine Torsionsstäbe, sondern Tellerfedern – ein ungewöhnliches System, das sonst nur noch bei einigen deutschen Entwürfen aus der Endphase des 2. Weltkriegs zu finden ist. Das Lenkgetriebe des Pz 61 war besonders für die steilen Gebirgskurven ausgelegt und die relativ geringe Breite des Typs resultiert aus der Notwendigkeit enge Straßen und Eisenbahntunnel passieren zu müssen. 1994 wurden die letzten Pz 61 ausgesondert, bis dahin war der Typ mehrfach modifiziert worden, so wurde unter anderem die 20-mm-MK gegen ein 7,5-mm-MG ausgetauscht, die BK erhielt eine Wärmeschutzhülle und es kamen neue Funkgeräte zum Einbau. Auf Basis des Pz 61 entstand zudem ein Bergefahrzeug (Entpannungpanzer 65).

*Rechts: Ein früher Panzer 61 noch ohne Korb am Turmheck (erst ab 1976) und ohne Wärmeschutzhülle für die BK.* (Thun)

*Unten: Panzer 61 des Panzermuseums Bovington im Sommer 2012.* (Paul Appleyard)

# Panzer 68

1968 beschloss das Schweizer Parlament 170 Exemplare eines weiterentwickelten Pz 61 zu beschaffen, die 1971 – 1974 ausgeliefert wurden. Neben zahlreichen Detailverbesserungen waren die Hauptunterschiede zum Vorgängermodell eine Stabilisierung der Hauptwaffe, verbesserte FL-Anlage und Optiken, Ersatz der 20-mm-MK durch ein 7,5-mm-MG, 660-PS-Motor mit modifiziertem Getriebe, neue

*Ein früher Panzer 68. Die koaxiale 20-mm-MK ist hier nicht installiert.* (Thun)

*Heckansicht des selben Panzers 68 wie oben.* (Thun)

Panzer 68/88. (Lutz Bruno)

Ketten sowie ein Gepäckkorb am Turmheck. 1974 wurden weitere 50 Pz 68 geordert, die eine BK-Wärmeschutzhülle sowie Leuchtgeschosswerfer erhielten. Ältere Fahrzeuge wurden entsprechend nachgerüstet. Die 1975 bestellten 110 Panzer wiesen einen vergrößerten Turm und eine leicht veränderte Wanne auf, sie wurden als Pz 68/75 bezeichnet. 1978 wurden noch noch einmal 60 Pz 68/75 bestellt, sodass bis 1983 insgesamt 390 Fahrzeuge gebaut wurden. Der Pz 68 hatte immer wieder unter technischen Problemen zu leiden, die erst ab 1980 durch ein breit angelegtes Mängelbeseitigungsprogramm ausgeräumt werden konnten. Ab Ende der 1980er Jahre erhielten 175 Pz 68/75 und 20 Pz 68 u.a. ein modernes FL-System mit Laser-EM, eine Brandunterdrückungsanlage und eine neue Kommandantenkuppel (Pz 68/88). Pz 68 wurden bis 2000, Pz 68/88 bis 2004 aus dem Dienst genommen. Versuche das Modell 68/88 an Thailand zu veräußern, scheiterten. Auf Basis des Panzer 68 entstanden zudem 30 Brückenpanzer 68. Die Prototypen einer Panzerhaubitze und eines Flak-Panzers kamen über das Versuchsstadium nicht hinaus.

| | |
|---|---|
| **Typ:** | Panzer 68 |
| **Hersteller:** | Eidgenössische Konstruktionswerkstätte Thun |
| **Gefechtsgew.:** | 40 800 kg |
| **Länge:** | 6880 mm (Wanne), 9490 mm (mit Rohr) |
| **Breite:** | 3140 mm |
| **Höhe:** | 2750 mm (Oberkante Kuppel), 2880 mm (gesamt) |
| **Motor:** | MTU MB 837 Ba-500 8-Zylinder-Dieselmotor |
| **Leistung kW/PS:** | 485/660 |
| **Leistungsgew.:** | 16,18 PS/t |
| **Höchstgeschw.:** | 55 km/h (Straße) |
| **Kraftstoffvorrat:** | 710 l |
| **Fahrbereich:** | 250 km |
| **Besatzung:** | 4 |
| **Bewaffnung:** | 1 x 105-mm-BK L7 L/51<br>1 x 7,5-mm-MG koaxial,<br>1 x 7,5 mm-Fla-MG,<br>2 x 3 Nebelwurfbecher, |
| **Panzerung:** | max. 120 mm Panzerstahl |
| **Furttiefe:** | 1,1 m ohne Vorbereitung |

# T-34/85

Der T-34/85 wurde ab Ende 1943 produziert und verwendete die Wanne und das Laufwerk des Vorgängermodells T-34/76 praktisch unverändert weiter. Hauptunterschied war der neue Drei-Mann-Turm mit einer 85-mm-BK (zunächst des Typs D-5T, ab dem Frühjahr 1944 dann die verbesserte ZIS-S-53). Ab Ende 1944 wurde das Modell 1945 gefertigt, welches eine verbesserte Kommandantenkuppel, einen elektrischen Turmschwenkantrieb und diverse Detailänderungen aufwies.
Bis Kriegsende entstanden rund 19 000 T-34/85, darunter auch einige Flammpanzer (OT-34/85.) Nach Kriegsende erschien das Modell 1946 mit verbessertem W-2-34M Motor, neuen Laufrollen und einigen Detailänderungen. Obwohl die Großserienproduktion 1946 endete, lief der Bau des Typs in der UdSSR jedoch im geringen Maßstab bis 1950 weiter. Zum Teil wurden dabei auch ältere T-34/76 umgerüstet. Ab 1951 wurde der T-34/85 auch in Polen und der Tschechoslowakei in Lizenz gebaut, dort entstanden bis 1956 noch einmal 4545 Fahrzeuge (1380 in Polen und 3165 in der Tschechoslowakei).
Bis Ende der 1950er Jahre wurde der Panzer als Typ 58 auch in der Volksrepublik China produziert, genaue Zahlen liegen jedoch nicht vor. Insgesamt entstanden so fast 49 000 T-34/85.
Obwohl der T-34/85 spätestens seit Mitte der 1950er Jahre veraltet war, wurde der Typ in der UdSSR sowohl 1960 als auch 1969 Modernisierungsprogrammen unterzogen. 1960 erhielten die Panzer W-2-34M11 Motoren mit verbesserten Luftfiltern sowie Änderungen am Schmierstoff- und Kühlsystem. Zudem kamen ein Generator zum Aufladen der Batterien, ein IR-Fahrscheinwerfer und ein entsprechendes Fahrervisier sowie neue Funkgeräte zum Einbau. Das Modell 1969 (auch T-34/85M) erhielt die Laufräder des T-54, neue Kommunikations- und IR-Geräte, zusätzliche Außentanks mit einer außen angebrachten Treibstoffpumpe und Vorrichtungen zum Mitführen eines Bergebalkens am Heck. Andere Ostblock-Staaten führten in den 1960er Jahren vergleichbare Programme durch, allerdings waren diese nicht einheitlich. Polen z.B. rüstete seine Fahrzeuge ähnlich wie die sowjetischen T-34/85M um und versah sie zusätzlich mit exter-

*Ein T-34/85 Modell 1969 (zu erkennen u.a an den fünfspeichigen Laufrädern des T-54/55) im kubanischen Revolutionsmuseum. Havanna, 7. Januar 2009.* (Tony Hisgett. cc by sa 3.0)

*Das österreichische Bundesheer erhielt 1955 von den abrückenden sowjetischen Besatzungstruppen 27 T-34/85 (sowie einen »Bergepanzer«), die jedoch sehr schnell wieder ausgesondert wurden. Die Mehrzahl der Fahrzeuge (oder zumindest ihre Türme) wurden später in sogenannte »Feste Anlagen« verbaut. Dieser T-34/85 befindet sich heute im Heeresgeschichtlichen Museum Wien. 29. August 2011, Wien.* (Massimo Foti)

nen Staukisten und einer Tiefwatausrüstung (T-34/85M2).
Zahlreiche T-34/85 gingen in den Export, allein China erhielt nach 1949 1837 Panzer dieses Typs, von denen einige jedoch wohl an Nordkorea weitergegeben wurden. Die Nordkoreaner setzten im Koreakrieg schätzungsweise 400 T-34/85 ein. Auch die DDR und Österreich erhielten in den 1950er Jahren T-34. Weitere Exportkunden fanden sich in vielen Staaten der arabischen Welt, so führten u.a. die Streitkräfte Ägyptens und Syriens zahlreiche T-34/85 und setzten sie in den Kriegen gegen Israel von 1956, 1967 und 1973 ein. Selbst 1981 erhielt die PLO noch einmal 60 T-34/85 aus ungarischen Beständen und verwendete diese Panzer im libanesischen Bürgerkrieg und 1982 gegen die Israelis. Auch in Afrika sowie in Asien fand der Typ zahlreiche Abnehmer und nahm dort an einer Vielzahl von Konflikten teil, so trafen z.B. die Südafrikaner während der 1980er Jahre in Angola auf Panzer dieses Typs. In Süd- und Mittelamerika war jedoch Kuba der einzige Staat, der T-34/85 erhielt. Insgesamt wurde der T-34/85 von über 50 Staaten und Guerillaverbänden oder Milizen genutzt. Seinen (bisher) letzten Kampfeinsatz dürfte der Typ in den 1990er Jahren in den Jugoslawienkriegen erlebt haben. Allerdings war der T-34/85 auch noch 2012 im Inventar einiger asiatischer und afrikanischer Streitkräfte sowie Kubas zu finden – mittlerweile jedoch nur noch in Reserveeinheiten, eingemottet oder als Ausbildungsfahrzeug. Bedenkt man, dass die ersten Fahrzeuge dieses Typs vor beinahe 70 Jahren vom Band liefen, ist dies eine erstaunlich lange Karriere. Zusätzlich zu den bekannten Varianten SU-85 und SU-100 der Kriegszeit entstanden auf Basis des T-34 zahlreiche Unterstützungsfahrzeuge wie z.B Berge- und Brückenlegepanzer sowie einige improvisierte Selbstfahrlafetten.

| | |
|---|---|
| **Typ:** | T-34/85 (Modell 1946) |
| **Hersteller:** | Zahlreiche Panzerwerke in der gesamten UdSSR, Lizenzbau in der CSSR, Polen, VR China |
| **Gefechtsgew.:** | 32 000 kg |
| **Länge:** | 6100 mm (ohne Rohr), 8150 mm (mit Rohr) |
| **Breite:** | 3000 mm |
| **Höhe:** | 2720 mm |
| **Motor:** | W-2-34M, 12-Zylinder-Dieselmotor |
| **Leistung kW/PS:** | 368/500 |
| **Leistungsgew.:** | 15,6 PS/t |
| **Höchstgeschw.:** | 50 km/h (Straße), 20 km/h (Gelände) |
| **Kraftstoffvorrat:** | 480 l (zusätzliche externe Tanks möglich) |
| **Fahrbereich:** | 300 km (Straße), 200 km (Gelände) |
| **Besatzung:** | 5 |
| **Bewaffnung:** | 1 x 85-mm-BK ZIS-S-53 L/53, 2 x 7,62-mm-DT-MG |
| **Panzerung:** | 22 – 90 mm Panzerstahl |
| **Furttiefe:** | 1,3 m |

*Rechts: Ein in der Tschechoslowakei gebauter T-34/85, während des Sechstagekrieges von 1967 im Dienst der ägyptischen 4. Panzerdivision. Ägypten hatte ab 1956 eine größere Zahl von T-34/85 aus der Tschechoslowakei und später auch aus der UdSSR erhalten.*
*Die Verarbeitung der polnischen und tschechoslowakischen T-34/85 Nachkriegspanzer war wesentlich besser als jene der Fahrzeuge aus Kriegsproduktion. Dort waren oft unsauber gegossene Türme und zum Teil Lücken zwischen den verschweißten Panzerplatten zu beobachten.* (Oliver Missing)

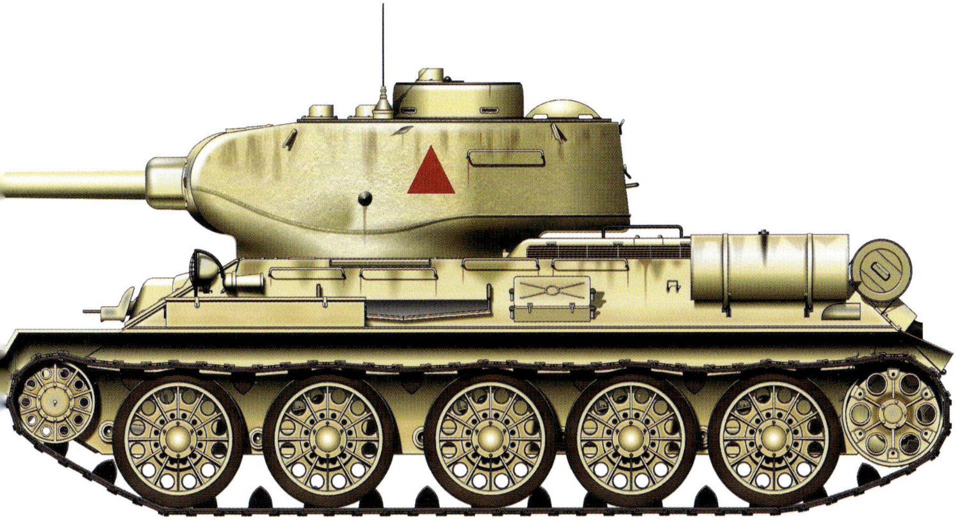

*Links: Nach dem Bruch mit der Sowjetunion im Jahre 1948 begann die jugoslawische Industrie eine Kopie des T-34/85 zu entwickeln. Da keinerlei technische Pläne vorlagen, musste der Panzer »nachkonstruiert« werden. Insgesamt entstanden jedoch nur fünf Fahrzeuge, die die Bezeichnung Typ A erhielten. Auffälligste Unterscheidungsmerkmale waren ein anders geformter Turm sowie eine veränderte Wannenfront. Militärmuseum Belgrad, Mai 2012.* (Massimo Foti)

*Oben: Ein in der Tschechoslowakei gebauter T-34/85, während des Sechstagekrieges von 1967 im Dienst der syrischen 44. Panzerbrigade. Man beachte das 12,7-mm-Fla-MG. Sowohl Syrien als auch Ägypten nahmen eigenständige Modifikationen an ihren T-34 vor (z.B. wurden syrische Fahrzeuge analog zum T-34/85 Modell 1969 der UdSSR mit T-54/55-Laufrädern, Fla-MG, IR-Fahrscheinwerfern usw. versehen) und bauten schließlich sogar eine Anzahl zu Selbstfahrlafetten um.* (Oliver Missing)

# T-44

Das für den Entwurf des T-34 verantwortliche Konstruktionsbüro Charkow war nach dem deutschen Angriff nach Nischni Tagil im Ural verlegt worden und begann dort ab Herbst 1943 mit dem Entwurf eines Nachfolgemodells. Die ersten Prototypen wurden Anfang 1944 vorgestellt. Zwei Fahrzeuge waren mit 85-mm-Kanonen, eines mit einer 122-mm-Waffe ausgerüstet. Da sich für die 122-mm-BK nur 24 Schuss mitführen ließen und die Munition aufgrund ihrer Abmessungen nur mit Mühe zu laden war (woraus eine sehr geringe Feuergeschwindigkeit resultierte), wurde dieser Ansatz nicht weiter verfolgt. Der T-44 unterschied sich in einer ganzen Reihe von Punkten von seinem Vorgänger. Obwohl das Fahrwerk wie beim T-34 aus fünf großen Laufrädern bestand, verwendete der T-44 anstelle der in Wanne liegenden (und dort erheblichen Platz beanspruchenden) Schraubenfedern des Christie-Laufwerks eine Drehstabfederung. Auf

| | |
|---|---|
| **Typ:** | T-44A |
| **Hersteller:** | Panzerwerk Charkow |
| **Gefechtsgew.:** | 32 000 kg |
| **Länge:** | 6070 mm (ohne Rohr), 7650 mm (mit Rohr) |
| **Breite:** | 3250 mm |
| **Höhe:** | 2455 mm (Oberkante Turm) |
| **Motor:** | W-44, 12-Zylinder-Dieselmotor |
| **Leistung kW/PS:** | 382/520 |
| **Leistungsgew.:** | 16,3 PS/t |
| **Höchstgeschw.:** | 53 km/h (Straße), 25 km/h (Gelände) |
| **Kraftstoffvorrat:** | 500 l intern + 150 l extern |
| **Fahrbereich:** | 350 km (Straße) |
| **Besatzung:** | 4 |
| **Bewaffnung:** | 1 x 85-mm-BK ZIS-S-53 L/53, 1 x 7,62-mm-MG koaxial, 1 x 7,62-mm-MG starr im Bug |
| **Panzerung:** | 15 – 120 mm Panzerstahl |
| **Furttiefe:** | 1,3 m |

den MG-Schützen neben dem Fahrer wurde zugunsten zusätzlichen Treibstoffs und Munition verzichtet Die geschweißte Wanne war nun insgesamt flacher und reichte seitlich nicht mehr über das Laufwerk hinaus. Das Triebwerk wurde quer eingebaut, um weiteren Platz einzusparen. Durch die geringeren Abmessungen war es möglich, die Panzerstärke zu erhöhen, ohne das Gewicht ansteigen zu lassen. Der gegossene Turm saß gegenüber dem T-34 weiter hinten auf der Wanne, was die Stabilität des Fahrzeugs und damit die Treffgenauigkeit erhöhte. Obwohl der Turm an jenen des T-34/85 erinnerte und mit der gleichen Waffe ausgerüstet war, stellte er doch eine Neukonstruk-

*Seitenansicht eines frühen T-44. Durch eine kompakte Auslegung (querverbauter Dieselmotor, niedrige Wanne) war es den Konstrukteuren des T-44 gelungen, das Gesamtgewicht trotz stärkerer Panzerung (Wannenfront 90 mm, Wannenseiten 75 mm, Turmfront 120 mm, Seiten 75 mm) nicht über das des T-34/85 ansteigen zu lassen.* (Oliver Missing)

tion dar. Nachdem das Konstruktionsbüro nach Charkow zurück verlegt worden und im Laufe des Jahres 1944 weitere Prototypen erprobt worden waren, kristallisierte sich mit der Variante T-44A im Herbst 1944 die Serienversion heraus. Diese verfügte über eine erneut verstärkte Panzerung, einen verbesserten Motor sowie eine umgestaltete Wannenfront ohne Fahrerluke. Diese befand sich nun auf dem Wannendach.

*T-44M, u.a. an den Laufrädern des T54/55 (fünf massive Speichen) sowie den neuen Kettenabdeckungen zu erkennen.* (US DoD)

Die Serienfertigung des T-44 lief im ab Oktober 1944 aber nur langsam an, bis Mai 1945 waren nur 190 Panzer fertiggestellt worden, von denen offenbar keiner mehr im Kampf zum Einsatz kam. Der T-44 wurde von zwei

ernsthaften Problemen geplagt. Zum einen erwies sich sein Getriebe als störanfällig, zum anderen bestand seine Bewaffnung nach wie vor aus der 85-mm-BK des T-34/85. Die Ausrüstung mit einer 100-mm-Kanone hätte einen neuen Turm mit einem größeren Drehkranzdurchmesser erfordert. Versuche in diese Richtung mündeten schließlich in die Entwicklung des T-54 (siehe dort). Bis 1947 wurden daher nur 1823 Serienfahrzeuge produziert. Der T-44 verschwand recht schnell in der zweiten Reihe, will heißen, er wurde in abgelegenen Gebieten stationiert, für die Ausbildung verwendet oder als Kriegsreserve eingelagert. Dennoch wurde eine Reihe von T-44 ab 1961 umfassend modernisiert (T-44M bzw. T-44MK bei Befehlsfahrzeugen). Dazu gehörte u.a. die Ausrüstung mit Motor, Getriebe, Scheinwerfern und Laufrollen des T-54, neuen Funkgeräten, einer Fla-MG-Lafette, IR-Ausrüstung, Heizung sowie veränderten Kettenabdeckungen mit neuen Staukisten und externen Treibstofftanks. Ab 1966 wurde eine Stabilisierungsanlage für die BK eingebaut; so modifizierte Panzer wurden als T-44MS bezeichnet. Fehlte ihnen der vorherige Umbau zur Varianten »M«, wurden sie schlicht T-44S genannt. Auf Basis ausgemusterter T-44 entstanden ab Mitte der 1960er Jahre zudem ein Bergepanzer (BTS-4A bzw. BTS-4-44M) sowie nach Abnahme des Turmes einfache Zugmaschinen. T-44 bzw. deren Türme wurden zum Teil als statische Verteidigungsstellungen an der Grenze zu China verwendet. Der T-44 wurde nicht exportiert und blieb bis Ende der 1970er Jahre bei der Roten Armee im aktiven Einsatz, im eingelagerten Zustand wohl noch länger.

*T-44 in der Brester Festung, Weißrussland. Rechts daneben ist der Turm eines T-34/85 zu sehen. Obwohl beide Türme Ähnlichkeiten aufweisen, ist deutlich zu erkennen, dass der Turm des T-44 eine Neukonstruktion war.* (PD)

# T-54

Bereits im Oktober 1944 begann die Entwicklung einer Variante des T-44 mit 100-mm-BK. Die beiden ab Februar 1945 erprobten Prototypen (zunächst T-44B genannt) besaßen zwar ein fast identisches Laufwerk (fünf großen Laufrollen mit Drehstabfederung) sowie eine sehr ähnliche Wanne wie der T-44, erhielten jedoch neu konstruierte, größere Gusstürme und waren mit seitlichen, 6 mm starken Panzerschürzen (diese fielen später fort) sowie 12,7-mm-Fla-MG ausgerüstet. Die Panzerung war erneut verstärkt worden und betrug nun 120 mm an der Wannen- und 180 mm an der Turmfront. Obwohl während der Erprobung zahlreiche Verbesserungsmöglichkeiten festgestellt wurden, war das Ergebnis insgesamt positiv und führte im Frühjahr 1946 zu dem Entschluss, die Weiterentwicklung des T-44A aufzugeben und sich allein auf den nun als T-54 bezeichneten Panzer zu konzentrieren. Die Serienfertigung des T-54 lief 1947 in Charkow und 1948 in Nischni Tagil an. Diese später als T-54-I bezeichneten Version besaß auf der Kettenabdeckung einen Behälter mit zwei starren 7,62-mm-MG, die vom Fahrer ausgelöst wurden und wies eine erneut veränderte, bzw. verstärkte Panzerung auf. Nach ersten Truppenversuchen wurde die Produktion des T-54-I jedoch nach nur rund 300 Panzern wieder beendet, da nach wie vor nicht alle Schwachstellen ausgemerzt waren und ernsthafte Qualitätsprobleme auftraten. Zudem ließ die Form des Turms, der zahlreiche Geschoss-

*Dieser T-54 wurde von Israel erbeutet und der US Army zur Auswertung überlassen. Man beachte die ballistisch günstige Turmform sowie die Stege unter dem Wannenbug, die der Befestigung von Räumschilden oder Minenräumgeräten dienen.* (US Army)

*Oben: Ein T-54-I. Man beachte den Turm mit einem deutlichen Überhang am Heck. Um die Abmessungen des Fahrzeugs möglichst klein zu halten (geringere Zielfläche, stärkere Panzerung bei gleichen Gewicht gegenüber einem größeren Panzer möglich), nahmen die Konstrukteure bewusst einen sehr engen Innenraum in Kauf.* (KMDB)

*Unten: T-54-II (zu erkennen am neuen Turm, der nur noch am Heck einen kleinen Überhang aufweist) verlässt eine Schwimmfähre. Die 100-mm-BK D-10T des T-54 ist eine Variante der 100-mm-Kanone D-10S des SU-100 Jagdpanzers und basiert damit auf dem Marinegeschütz B-34 aus den 1930er Jahren.* (US DoD)

fallen aufwies, zu wünschen übrig. Ab 1949 wurde die verbesserte Version T-54-II gebaut, die über einen vollständig neuen Turm verfügte, der die Geschossfallen an der unteren Turmseite beseitigte, am Turmheck aber noch immer einen Überhang besaß. Zudem kamen ein neues Fla-MG, diverse Verbesserungen an Motor und Getriebe (u.a. eine Vorheizeinrichtung) und breitere Ketten (580 mm statt 500 mm) zum Einbau. Die MG auf der Kettenabdeckung wurden durch eine starre Waffe neben dem Fahrer ersetzt. Dieses Modell blieb bis 1952 in Produktion wurde dann durch den T-54-III (manchmal auch einfach T-54 genannt) abgelöst, dessen gegossener Turm nun keinerlei Hecküberhang mehr aufwies. Die endgültige Form des T-54 war damit gefunden.

*T-54A der afghanischen Nationalarmee. Im Hintergrund ein T-62M. Route Pluto, Afghanistan 2011.* (UK MoD)

Der Panzer konnte sich nun durch das Einspritzen von Diesel in die Abgasanlage einnebeln und wies eine Reihe von weiteren Detailverbesserungen auf, so erhielt der Richtschütze nun eine modernere Optik. Der T-54-III blieb in der UdSSR bis 1954 im Bau. 1955 folgte der T-54A, der als erster sowjetischer Panzer über eine stabilisierte BK und eine Tiefwatausrüstung verfügte. Das Rohr der BK war an der Mündung zunächst mit einem Kontergewicht ausgestattet, das später durch wurde einen Rauchabsauger ersetzt wurde, um das Eindringen von Pulvergasen in den Kampfraum zu verhindern. Ein IR-Fahrscheinwerfer und ein IR-Sichtgerät für den Fahrer, neue Funkgeräte, automatische Feuerlöscher, Verbesserungen am Triebwerk und weitere Detailänderungen komplettierten die Modifikationen.
Die Version T-54A wurde in der UdSSR bis 1957, in Polen von 1956 bis 1964 und in der Tschechoslowakei von 1957 bis 1966 gebaut. Als Typ 59 nahm auch China Ende der 1950er Jahre die Fertigung dieses Panzers auf (siehe dort). Die letzte Hauptversion war der T-54B, der bis 1958 produziert wurde. Diese Version war dank seiner IR-Ausstattung (IR-Scheinwerfer an der Turmfront und auf der Kommandantenluke) als erster sowjetischer Panzer voll nachtkampffähig. Der Richtschütze erhielt eine neue Optik mit einem Tag- und einem IR-Kanal. Befehlsfahrzeuge mit zusätzlicher Kommunikations- und Navigationsausstattung wurden durch den Zusatz »K« gekennzeichnet. Im Laufe ihrer Dienstzeit wurden T-54 bei Generalüberholungen oftmals mit neuen Komponenten nachgerüstet, sodass es zu Mischversionen kam. So wurde der Typ Mitte der 1960er Jahre modernisiert, um seinen Kampfwert auf den des T-55 zu bringen (W-55 Motor, höhere Munitionsausstattung, neue Funkgeräte). Diese Panzer wurden als T-54M

bzw. T-54AM bezeichnet. Ab 1977 mit Laser-EM, Tiefwatausrüstung und teils neuen Ketten versehen Fahrzeuge erhielten verwirrenderweise ebenfalls dass Suffix »M«. Andere Streitkräfte des Warschauer Paktes führten ähnliche Programme durch, allerdings nicht einheitlich und oft mit anderen Bezeichnungen. So wurde modernisierten T-54 der NVA das Suffix »Z« (für Zusatzausrüstung) zugeordnet.
Auf Basis des T-54 wurden zudem Selbstfahrlafetten (Jagdpanzer SU-122-54, Fla-Panzer ZSU-57), Flammpanzer (OT-54, Flammenwerfer anstelle des koaxialen MG) und zahlreiche Berge-, Brückenlege- und Pionierfahrzeuge entwickelt. Die Weiterentwicklung des Typs führte schließlich zum T-55.
Der T-54 kam jedoch nicht bei den Armeen des Warschauer Paktes zum Einsatz, sondern wurde auch vielfach exportiert. Eine Vielzahl von Staaten und Milizen, insbesondere in Asien und Afrika, verwendeten oder verwenden noch immer den T-54. Aufgrund seiner weiten Verbreitung war der T-54 an zahlreichen Konflikten beteiligt, oftmals gab er dabei allerdings

*Oben: T-54A der polnischen Armee paradieren durch Warschau. Man beachte die Lüfterkuppel vor dem Fla-MG, ein eindeutiges Erkennungszeichen des T-54 gegenüber dem T-55.* (US DoD)

*Links: T-54AM der NVA im Panzermuseum Munster, aufgenommen am 29. August 2008. Man beachte die IR-Scheinwerfer neben der BK sowie auf der Kuppel des Kommandanten.* (PD)

keine gute Figur ab. Dennoch: Der T-54 war ab der Version II für seine Zeit ein hervorragendes Fahrzeug mit guter Bewaffnung und exzellenter Panzerung, das vielen seiner Zeitgenossen überlegen war. Als es ungarischen Aufständischen 1956 gelang, einen der damals hochmodernen T-54A zu erbeuten, fuhren sie das Fahrzeug auf das Gelände der britischen Botschaft, wo es untersucht wurde. Die Ergeb-

nisse dieser Untersuchung führten zu einer Neubewertung der Bewaffnung britischer Panzer und schließlich zur Entwicklung der 105-mm-Zugrohr-BK L7, die in den 1960er und 70er Jahren praktisch zur NATO-Standardwaffe avancierte und auch im *Leopard* 1 verbaut wurde.
Insgesamt entstanden in der UdSSR rund 35 000, in Polen ca. 3000 und in der Tschechoslowakei ungefähr 2700 T-54.

| Typ: | T-54A |
|---|---|
| Hersteller: | Panzerwerke Charkow und Nischni Tagil Lizenzfertigung in Polen, der CSSR und China |
| Gefechtsgew.: | 36 000 kg |
| Länge: | 6450 mm (ohne Rohr), 9000 mm (mit Rohr) |
| Breite: | 3270 mm |
| Höhe: | 2400 mm (Oberkante Turm), 2700 mm (mit Fla-MG) |
| Motor: | W-54, 12-Zylinder-Dieselmotor |
| Leistung kW/PS: | 382/520 |
| Leistungsgew.: | 14,44 PS/t |
| Höchstgeschw.: | 48 km/h (Straße), 25 km/h (Gelände) |
| Kraftstoffvorrat: | 812 l (2 x 200-l-Zusatztanks am Heck optional) |
| Fahrbereich: | 400 km (Straße), 600 km mit 2 x 200-l-Zusatztanks am Heck |
| Besatzung: | 4 |
| Bewaffnung: | 1 x 100-mm-BK D-10TG L/56, 1 x 7,62-mm-MG koaxial, 1 x 7,62-mm-MG starr im Bug, 1 x 12,7-mm-Fla-MG |
| Panzerung: | 20 – 203 mm Panzerstahl |
| Furttiefe: | 1,4 m ohne, 5 m mit Vorbereitung |

*Ein T-54A in den Farben der tschechoslowakischen Armee. Man beachte den Abstand der ersten zur zweiten Laufrolle – damit sollten die Auswirkungen auf die hinteren Laufrollen bei Minentreffern verringert werden. Camp Hill, Isle of Wight Military Museum, 10. August 2011.* (Paul Appleyard)

# T-55

Der T-55 wurde ab Mitte 1958 produziert. Er stellt eine überarbeitete Version des T-54 für den Einsatz auf dem atomaren Gefechtsfeld dar und verfügte daher über eine ABC-Schutzanlage. Diese Anlage verlangte eine Reihe von Veränderungen an Wanne und Turm, so musste die Lüfterkuppel vor der Ladeschützenluke auf der rechten Turmseite entfallen. Dies ist zugleich ein deutliches Erkennungsmerkmal des T-55, der seinem Vorgängermodell ansonsten äußerlich sehr ähnelt. Zudem wurden ein W-55 Motor mit 580 PS, ein verbessertes Getriebe, neue Laufräder und Optiken sowie ein Feuerlöschsystem verbaut. Der T-55 verfügte des Weiteren über eine erhöhte Munitionsausstattung und führte mehr Dieselkraftstoff als der T-54 mit. Da man das Fla-MG auf der Ladeschützenluke als nutzlos gegenüber modernen Jets erachtete, fiel es beim T-55 fort. 1963 begann die Fertigung des T-55A, der eine zusätzliche Strahlenschutzauskleidung und ein verbessertes ABC-Schutzsystem erhielt. Das starre Bug-MG fiel weg, den freiwerdenden Raum nahmen sechs zusätzliche 100-mm-Granaten ein. Befehlsfahrzeuge mit zusätzliche Kommunikations- und Navigationsausstattung sind am Zusatz »K« erkennbar, zudem wurden eine Anzahl Flammpanzer (OT-55) gefertigt, deren koaxiales MG durch ein Flammrohr ersetzt wurde.

Eine Vielzahl von Berge-, Brückenlege und Pionierpanzern gehören ebenfalls zur T-55-Familie. Im Laufe seiner langen Dienstzeit

***Ein T-55 der ägyptischen Streitkräfte verlässt während des Manövers Bright Star 85 ein Landungsschiff der US Navy. Ägypten, August 1985.*** (US DoD)

wurde der T-55 einer Reihe von Modernisierungen unterworfen, so wurde ab Anfang der 1970er Jahre auf der Ladeschützenluke wieder ein 12,7-mm-Fla-MG installiert und ab 1974 erhielten die Fahrzeuge nach und nach außen auf der BK angebrachte Laser-EM. 1983 startete die Rote Armee ein Programm zur tief greifenden Modernisierung des T-55, zu dem ein überarbeiteter Antriebsstrang, eine moderne FL-Anlage, eine verbesserte Stabilisierung der BK, neue Funkgeräte, Änderungen an Laufwerk und Ketten, Kettenblenden, eine Nebelwurfanlage sowie eine passive Zusatzpanzerung an Wannen- und Turmfront gehörten. Diese zusätzliche Ausrüstung erhöhte das Fahrzeuggewicht um ca. 5 t. Ein Teil der so umgerüsteten Panzer (T-55M bzw. T-55AM) war zudem in der Lage aus ihren BK den lasergelenkten PzAbwFK 9K116 Bastion (NATO-Bezeichnung AT-10 Stabber) mit 4 km Reichweite zu verschießen.

Andere Streitkräfte des Warschauer Paktes führten ähnliche Modifikationen durch, die sich zum Teil in ihren Komponenten unterschieden. Diese Panzer erhielten die Bezeichnung T-55AM2, bzw. AM2B, falls sie mit der Lenkwaffe Bastion ausgerüstet waren. Tschechoslowakische T-55AM2 bzw. 2B führten die heimische FL-Anlagen Kladivo mit Querwindsensor sowie in der CSSR gebaute Laser-EM. Sie bildeten auch die Basis der T-55AM2-Umrüstungen der NVA.

T-55A der sowjetischen Marineinfanterie, an deren Turm in den frühen 1980er Jahren zur Abwehr von Panzerfaustgeschossen und PzAbwFK das Hard-Kill-System Drozd (Dros-

*Ein T-55A(P) der NVA im Gelände. Das »P« zeigt hierbei, dass dieser Panzer aus polnischer Produktion stammte. Dies ist u.a. an der Einkerbung der hinten rechts auf dem Motorraum befindlichen Lüfterklappe (bei UdSSR-Modellen war diese vollständig rechteckig) sowie der auffälligen Strahlenschutzverkleidung rund um die Kuppeln zu erkennen.* (Sammlung Andre Junghans)

sel) installiert worden war, erhielten die Bezeichnung T-55AD. Drozd erfasste anfliegende Geschosse mit einem Millimeterwellenradar und feuerte daraufhin eine Splittergranate ab, um diese zu neutralisieren. Die hohen Kosten des Systems führten dazu, dass nur rund 250 T-55 derartig modifiziert wurden. Stattdessen kam ab 1985 eine reaktive Zusatzpanzerung (Kontakt-1) zum Einbau. Ab ca. 1990 waren derartig modifizierte Fahrzeuge auch bei der

*Oben: Ein T-55 der äthiopischen Armee, die insgesamt über 1200 Panzer dieses Typs erhielt. Ogaden-Krieg (Äthiopien-Somalia) Juli 1977 – März 1978.* (Vincent Bourguignon)

*Unten: Ein T-55A(P) der NVA im Panzermuseum Munster im August 2005. Insgesamt beschaffte die DDR zwischen 1964 und 1985 aus der UdSSR, Polen und der CSSR 2100 T-55.* (Ikdeda Shinobu)

Roten Armee zu beobachten. Mit dieser reaktiver Zusatzpanzerung versehene Panzer erhielten das Suffix »W«, also z.B T-55MW oder T-55AMW. Mitunter wurden T-55 ab den 1980er Jahren auch dem W-46-Motor des T-72 ausgerüstet. Diese Version ist durch den Zusatz »-1« gekennzeichnet, also z.B. T-55AM-1 oder T-55A-1.
Mitte der 1990er Jahre stellte die russische Industrie eine T-55M5 genannte Variante vor, die über Kontakt-5 Reaktivpanzerung, eine moderne FL-Anlage mit stabilisierten Optiken, ein leistungsfähigeres Triebwerk (W-55U oder den T-72-Diesel W-46) und weitere Detailverbesserungen verfügt. Bislang scheint dieser Typ jedoch keine Kunden gefunden zu haben. Auch die Version T-55M6 mit einer verlängerten Wanne und sechs (statt fünf) Laufrädern sowie einer 125-mm-Glattrohr-BK mit Ladeautomaten sowie moderner FL-Anlage und einer Panzerung, die angeblich dem Niveau des T-80U entspricht, blieb bislang ein Proto-

*Oben: Rumänische T-55 während der Übung MILREX '07. Man beachte den Laser-EM über der BK. Cincu, Rumänien, Oktober 2007.* (Rumänisches Verteidigungsministerium)

*Unten: T-55AM2 des Museums in Lesany (Tschechien). Man beachte die Nebelwurfanlage sowie den nach hinten geklappten Mast der Laserwarn- und Querwindmesseanlage.* (Martin Spurny/Dreamstime.com)

typ. Auf Basis des T-55 entstand zudem eine ganze Reihe von Spezialfahrzeugen, wie z.B. Pionier-, Berge- und Brückenlegepanzer.
Die russische Firma Omsktransmash entwickelte auf der Grundlage des T-55 zudem den Prototypen eines schweren Schützenpanzers (BRT-T).
Insgesamt entstanden in der UdSSR bis 1981 annähernd 28 000 T-55. Die Lizenzfertigung in Polen (1964–1979) belief sich auf ca. 7000 Panzer. Die Tschechoslowakei baute zwischen 1964 und 1983 über 8000 T-55. Zahlreiche dieser Panzern gingen direkt in den Export oder wurden nach Ende des Kalten Krieges vor allem in die Dritte Welt verkauft. Eine kaum überschaubare Zahl von regulären Streitkräften und Milizen weltweit verwendeten oder verwenden noch immer den T-55. Aufgrund seiner weiten Verbreitung war der Typ an zahlreichen Konflikten beteiligt, unter anderem an den Nahostkriegen 1967, 1973 und 1982, den Golfkriegen 1980–88, 1990–91 sowie 2003, ab 1979 in Afghanistan, den indisch-pakistanischen Kriegen 1965 und 1971, Tschetschenien, den Jugoslawienkriegen der 1990er Jahre sowie zahllosen Bürgerkriegen und Aufständen in Afrika und Asien. Obwohl das Grundmodell des T-55 heute völlig veraltet ist und keine Chance mehr gegen moderne Kampfpanzer hat, war er zur Zeit seiner Einführung ein hervorragendes Fahrzeug, das gute Panzerung und Bewaffnung mit einem einfachen und robusten Aufbau kombinierte. Diese Eigenschaften machen ihn auch heute noch für Staaten der Dritten Welt interessant, sodass die Zeit des T-55 noch lange nicht vorbei ist.

| **Typ:** | T-55A |
|---|---|
| **Hersteller:** | Panzerwerke Nischni Tagil und Osmk, Lizenzfertigung in Polen und der CSSR |
| **Gefechtsgew.:** | 36 000 kg |
| **Länge:** | 6450 mm (ohne Rohr), 9000 mm (mit Rohr) |
| **Breite:** | 3270 mm |
| **Höhe:** | 2400 mm (Oberkante Turm), 2700 mm (mit Fla-MG) |
| **Motor:** | W-55, 12-Zylinder-Dieselmotor |
| **Leistung kW/PS:** | 427/580 |
| **Leistungsgew.:** | 16,1 PS/t |
| **Höchstgeschw.:** | 50 km/h (Straße), 25 km/h (Gelände) |
| **Kraftstoffvorrat:** | 960 l (2 x 200-l-Zusatztanks am Heck optional) |
| **Fahrbereich:** | 500 km (Straße), 700 km mit 2 x 200-l-Zusatztanks |
| **Besatzung:** | 4 |
| **Bewaffnung:** | 1 x 100-mm-BK D-10T2G L/56, 1 x 7,62-mm-MG koaxial, (1 x 12,7-mm-Fla-MG ab Anfang der 1970er Jahre) |
| **Panzerung:** | 20 – 203 mm Panzerstahl |
| **Furttiefe:** | 1,4 m ohne, 5 m mit Vorbereitung |

| **Typ:** | T-55AM2 |
|---|---|
| **Hersteller:** | Panzerwerke Nischni Tagil Entwicklung, Umbauten auch in Polen und der CSSR |
| **Gefechtsgew.:** | 41 500 kg |
| **Länge:** | 6450 mm (ohne Rohr), 9000 mm (mit Rohr) |
| **Breite:** | 3450 mm |
| **Höhe:** | 2400 mm (Oberkante Turm), 2700 mm (mit Fla-MG) |
| **Motor:** | W-55AM, 12-Zylinder-Dieselmotor |
| **Leistung kW/PS:** | 449/610 |
| **Leistungsgew.:** | 14,7 PS/t |
| **Höchstgeschw.:** | 50 km/h (Straße), 25 km/h (Gelände) |
| **Kraftstoffvorrat:** | 960 l (2 x 200-l-Zusatztanks am Heck optional) |
| **Fahrbereich:** | 450 km (Straße), 650 km mit 2 x 200-l-Zusatztanks |
| **Besatzung:** | 4 |
| **Bewaffnung:** | 1 x 100-mm-BK D-10T2G L/56, 1 x 7,62-mm-MG koaxial, 1 x 12,7-mm-Fla-MG |
| **Panzerung:** | 20 – 203 mm Panzerstahl, Verbundzusatzpanzerung |
| **Furttiefe:** | 1,4 m ohne, 5 m mit Vorbereitung |

*Oben: T-55AM2, aufgenommen am 2. Juli 2011 in Zurzach, Kanton Aargau, Schweiz. Man beachte die hufeisenförmige Zusatzpanzerung an der Turmfront, die Kettenblenden und den Laser-EM über der BK.* (Massimo Foti)

*Unten: Das bisher letzte Modell des T-55 ist die Version M5, die von der russischen Industrie Mitte der 1990er Jahre vorgestellt wurde. Obwohl es weiterhin vermarktet wird, wurde dieses KWS-Paket offenbar jedoch nirgendwo eingeführt.* (Vitaly Kuzmin)

## Ausländische Modifikationen und Kampfwertsteigerungen der

# T-54/55 Reihe

Die weite Verbreitung und lange Einsatzdauer der T-54/55 Reihe sorgte dafür, dass zahlreiche Staaten außerhalb der UdSSR/Russlands und des ehemaligen Warschauer Paktes ihre eigenen Modifikationen und Kampfwertsteigerungen durchführten – so viele, dass an dieser Stelle nur eine Auswahl erwähnt werden kann. Eine der ersten Nationen, die umfangreiche Veränderungen am Grundmodell des T54/55 vornahmen, war Israel. Die israelischen Streitkräfte (IDF) erbeuteten 1967 und 1973 eine größere Anzahl T-54 und T-55 von ihren arabischen Gegnern, die sie den eigenen Standards anpassten. Neben der Ausrüstung mit Browning-MG, israelischen Funkgeräten und Antennen, neuen Scheinwerfern und weiteren Detailänderungen wurden die Panzer zum Teil auf die in Israel in Lizenz gebaute 105-mm-BK M68 umgerüstet und erhielten an Turmseiten und -heck auffällige Staukisten, um ihre Silhouette zu verändern. T-54 wurden als Tiran-4, T-55 als Tiran-5 bezeichnet, mit der 105-mm-BK bewaffnete Panzer erhielten das Suffix »Sh«. Tiran wurden meist bei Reserveeinheiten verwendet und schließlich im Laufe der 80er Jahre ausgesondert. Ihre Karriere war jedoch noch nicht vorbei, da die IDF den T54/55 als Basis des schweren Schützenpanzers Achzarit nutzte. Trotz der Verluste in den Kriegen gegen Israel besaß Ägypten auch in den 1980er Jahren noch eine ansehnliche Flotte von T-54 und T-55, die nach dem Bruch mit der UdSSR durch westliche Komponenten kampfwertgesteigert wurden. Es existieren mehrere Subversionen des Modells T-55E (E für Egypt), die sich in ihrer Ausrüstung und dem Grad der Modifikation unterscheiden. Diese reichen vom Einbau deutsche IR-Scheinwerfer von AEG und jugoslawischer Laser-EM (T-55E) Mitte der 1980er Jahre bis hin zu umfangreichen Modifikationen seit Ende der 1990er Jahre, die u.a. in Lizenz gebaute MTU-Triebwerke mit 880 PS,

*Ein ägyptischer T-55E während des Manövers Bright Star 85 . Man beachte den neuen IR-Scheinwerfer neben der BK. Ägypten, August 1985.* (US DoD)

*Ägyptische T-54 wurden zum Teil zu »Ramses II« umgebaut (siehe Typenkompass »Kampfpanzer ab 1970).*

105-mm-BK M68, ein überarbeitetes Laufwerk sowie moderne FL-Anlagen, Kettenblenden und Zusatzpanzerung beinhalten (T-55E Mk II).
Der Irak betrieb vor 2003 ebenfalls eine große Flotte von T-54/55 sowie ähnlicher chinesischer Typ 59/69 und schuf seine eigenen Versionen. Am bekanntesten ist sich das Modell *Enigma*. Dabei wurden T-55 (oder auch Typ 59 bzw. 69) mit einer umfangreichen passiven Zusatzpanzerung an Wanne und Turmfront versehen. Obwohl diese »Stahlboxen« recht krude aussahen, waren sie doch gegen HL-Geschosse durchaus effektiv. Ein derartig ausgerüstetes Fahrzeug soll im Rahmen der Operation Desert Storm während der Schlacht von Khafji Anfang 1991 mehrere Treffer von Milan-PzAbwFK überstanden haben. Die Iraker rüsteten zudem einige ihrer Panzer mit 105-mm-BK (T-55QM, siehe auch Typ 69) aus. Prototypen mit 125-mm-Glattrohr-BK in einem vergrößerten Turm scheinen nicht in Serie gegangen zu sein.

***Oben:** Tiran 5Sh mit 105-mm-BK im Museum von Lantrun, Israel.*

***Rechts:** Soldaten der US Army begutachten nach Ende der Kämpfe im März 1991 einen erbeuteten T-55 Enigma der irakischen Armee.* (US DoD)

Der Iran hat einen Teil seiner T-54/55 und Typ 59 ebenfalls einem Kampfwertsteigerungsprogramm unterzogen. Die Bezeichnung der modifizierten Fahrzeuge ist nicht ganz klar. Häufig findet sich die Angabe, dass umgebaute Typ 59 den Namen T-72Z bzw. Typ 72Z und T-54/55 den Namen Safir-74 erhalten haben sollen. (72 und 74 beziehen sich dabei auf die Jahre 1372 und 1374 des islami-

| | |
|---|---|
| **Typ:** | T-55S |
| **Hersteller:** | STO Ravne |
| **Gefechtsgew.:** | 39 000 kg |
| **Länge:** | 6450 mm (ohne Rohr), 8485 mm (mit Rohr) |
| **Breite:** | 3500 mm |
| **Höhe:** | 2400 mm (Oberkante Turm) |
| **Motor:** | W-55, 12-Zylinder-Dieselmotor |
| **Leistung kW/PS:** | 447/610 |
| **Leistungsgew.:** | 15,64 PS/t |
| **Höchstgeschw.:** | 50 km/h (Straße), 25 km/h (Gelände) |
| **Kraftstoffvorrat:** | 960 l (2 x 200-l-Zusatztanks am Heck optional) |
| **Fahrbereich:** | 500 km (Straße), 700 km mit 2 x 200-l-Zusatztanks |
| **Besatzung:** | 4 |
| **Bewaffnung:** | 1 x 105 mm-BK L7 L/51, 1 x 7,62-mm-MG koaxial, 1 x 12,7-mm-Fla-MG, 2 x 6 Nebelwurfbecher |
| **Panzerung:** | 20 – 203 mm Panzerstahl, ERA und passive Zusatzpanzerung |
| **Furttiefe:** | 1,8 m ohne, 5 m mit Vorbereitung |

| | |
|---|---|
| **Typ:** | T-55AGM |
| **Hersteller:** | KMDB (Charkow, Ukraine) |
| **Gefechtsgew.:** | 48 000 kg |
| **Länge:** | 6858 mm (Wanne) |
| **Breite:** | 3600 mm (mit Kettenblenden) |
| **Höhe:** | 2400 mm (Oberkante Turm), 2800 mm (mit Fla-MG) |
| **Motor:** | 5TDFM, 5-Zylinder-Gegenkolbendieselmotor |
| **Leistung kW/PS:** | 625/850 |
| **Leistungsgew.:** | 17,71 PS/t |
| **Höchstgeschw.:** | 70 km/h (Straße) |
| **Kraftstoffvorrat:** | k.A |
| **Fahrbereich:** | 500 km (Straße) |
| **Besatzung:** | 3 |
| **Bewaffnung:** | 1 x 125mm-BK KMB1 L/48 oder 120-mm-BK KMB2 L/50, 1 x 7,62-mm-MG koaxial, 1 x 12,7-mm-Fla-MG |
| **Panzerung:** | 20 – 203 mm Panzerstahl, ERA und passive Zusatzpanzerung |
| **Furttiefe:** | 1,8 m ohne, 5 m mit Vorbereitung |

schen Kalenders, also 1989 und 1991 westlicher Zeitrechnung. Ein Zusammenhang mit dem T-72 besteht nicht!). Ob diese Bezeichnungen aber tatsächlich zutreffen oder T-72Z und Safir-74 identisch sind, ist unklar. Die Modifikationen bestehen im Wesentlichen aus einem neuen Antriebsstrang (W-46 Motor des T-72 mit 780 PS, neue Getriebe etc.), neue digitale FL-Anlage mit Laser EM und Querwindsensor, neue Nachtsichtgeräte, einer 105-mm-Zugrohr-BK sowie reaktiver Zusatzpanzerung. Dank der erhöhten Motorleitung erreicht dieser Typ 65 km/h und verfügt über bessere Beweglichkeit als das Grundmodell.

Serbien besitzt eine Anzahl T-55H, die ebenfalls einen neuen Antriebsstrang mit dem W-46 Motor, eine moderne FL-Anlage und Reaktivpanzerung besitzen und zusätzlich noch eine verbesserte ABC-Schutz- und Kommunikationsausrüstung sowie eine Nebelwurfanlage erhalten haben, die automatisch von einem Radar- und Laserwarnsystem ausgelöst wird. Die originale 100-mm-BK wurde allerdings beibehalten.

Aufgrund der weiten Verbreitung der T-54/55-Familie bieten weltweit Rüstungsbetriebe Modernisierungspakete an, darunter auch das Nachfolgeunternehmen des ehemaligen Kon-

*Oben: Die von der ukrainischen Firma KMDB vorgeschlagene Variante T-55AGM mit 120- oder 125-mm-Glattrohr-BK.* (KMDB)

*Links: Slowenien hat 30 seiner T-55 mit israelischer Hilfe einer Kampfwertsteigerung unterzogen, die neben dem Einbau einer 105-mm-BK mit Wärmschutzhülle und einer digitalen FL-Anlage mit neuen Optiken und Nachtsichtgeräten auch neue Ketten, reaktive Zusatzpanzerung, Kettenblenden sowie eine Laserwarn- und Nebelwurfanlage umfasst. Zudem wurde die Leistung des W-55-Triebwerks auf 610 PS gesteigert. Die Bezeichnung dieser Umbauten lautet M-55S, bzw. M-55S-1, falls die Panzer über einen MAN-Diesel mit 850 PS verfügen.*

struktionsbüros Charkow, die ukrainische Firma KMDB. Die von KMDB vorgeschlagenen Modifikationen reichen von der Ausrüstung mit neuen FL-Anlagen, Laser-EM und Nebelwurfanlagen bis hin zu umfassenden Kampfwertsteigerungen wie dem T-55AGM. Nach Unternehmensangaben bringt dieser Umbau den T-54/55 (aber auch ähnliche Fahrzeuge wie den T-62 oder Typ 59/69) auf den Standard eines T-80. Neben einem 5TDFM-Zweitaktdiesel mit 850 PS gehört dazu ein verbessertes Laufwerk, umfangreiche passive und reaktive Zusatzpanzerung sowie eine neue Hauptwaffe mit einer digitalen FL-Anlage. Kunden können dabei zwischen ukrainischen 125-mm- oder 120-mm-Glattrohr-BK wählen, die von einem im Turmheck angeordneten Ladeautomaten mit Munition versorgt werden. Das Gesamtgewicht erhöht sich durch den Umbau auf ca. 48 t, dank des neuen Motors und eines neuen Getriebes leidet die Mobilität jedoch nicht, sondern verbessert sich sogar. Unter der Bezeichnung T-55MW bietet die Ukraine zudem ein Umrüstungspaket an, das primär aus einer reaktiven Zusatzpanzerung, einer neuen FL-Anlage sowie der Ausrüstung mit dem PzAbwFK Bastion (AT-10) besteht. Syrien soll angeblich 200 seiner T-55 auf diese Art modifiziert haben.

# T-62

Die bevorstehende Einführung neuer westlicher Panzer (z.B. M60) sowie die Leistung der britischen 105-mm-Zugrohr-BK L7 führten in der UdSSR Ende der 1950er Jahre zu der Erkenntnis, dass die eigene 100-mm-Zugrohr-BK D-10T veraltet war und nicht mehr über genügend Durchschlagskraft verfügte. Als Antwort darauf entwickelte die sowjetische Industrie die die 115-mm-Glattrohr-BK UT-5S. Im Gegensatz zu bis dahin üblichen Panzerkanonen war das Rohr der UT-5S innen glatt, d.h. es besaß keine »Züge«, die das Geschoss zur Stabilisierung in Längsrotation versetzten. Diese »Züge« erzeugen jedoch Reibung, sodass die Granate nicht ihre volle Geschwindigkeit erreichen kann. Glattrohrkanonen ermöglichen daher eine höhere v0, haben aber das Problem, dass aus ihnen abgeschossene Granaten nicht durch ihre Rotation stabilisiert werden, diese Aufgabe müssen Flossen am Geschoss übernehmen. Die 115-mm-BK ermöglichte eine v0 von über 1500 m/s (ein bis dahin nicht erreichter Wert, die 100-mm-BK des T-54/55 erzielte dagegen nur 850 m/s) mit entsprechend höherer Durchschlagleistung. Um möglichst rasch zu Ergebnissen zu gelangen, wurde der T-55 als Ausgangspunkt für einen mit der neuen 115-mm-BK ausgerüsteten Panzer gewählt. Da die Wanne des T-55 aber für einen Turm, der die UT-5S (auch als 2A20 bezeichnet) und ihre Geschosse aufnehmen konnte, nicht groß genug war, musste das Konstruktionsbüro Nishni Tagil diese und das Laufwerk modifizieren. Erste Prototypen wurden 1960 fertigestellt, die Serienproduktion lief Ende 1961 an. Wie bereits erwähnt, basiert der T-62 auf dem T-55 und zeigt daher die gleiche Auslegung: Der Antriebsstang befindet sich im Heck, mittig der Drei-Mann-Turm (Kommandant und Richschütze rechts, Ladeschütze links) und vorn links der Fahrer, neben dem Treibstoff und Munition untergebracht

*Oben: Die israelische Armee erbeutete während des Jom-Kippur-Krieges eine ganze Reihe von T-62. Einige davon wurden zur Untersuchung und Auswertung an die USA übergeben – so auch dieser T-62 Modell 1972, das einst bei der syrischen Panzertruppe lief.* (US Army)

*Rechts: T-62 (Modell 1962 oder 1967) der afghanischen Nationalarmee im Jahre 2004.* (PD)

sind. Die Bewaffnung bestand zunächst nur aus der vollstablisierten 115-mm-BK und einem koaxialen 7,62-mm-MG. Als Besonderheit besaß der T-62 nicht nur die weltweit erste Glattrohr-BK eines Serienpanzers sondern auch die erste automatische Hülsenauswurfanlage. Nachteilig dabei ist jedoch, dass dazu nach jedem Schuss das Rohr auf +3,5° angehoben (bzw. gesenkt) und das Schwenkwerk abgeschaltet werden musste. Verfehlte die Hülse die Öffnung im Turmheck, so rollte sie im Turminneren umher. Dadurch erreichte der T-62 auch unter günstigen nur eine Schussfolge von 4 Schuss pro Minute. Seine einfache FL-Anlage

wurde durch die hohe Mündungsgeschwindigkeit seiner BK ausgeglichen, sodass zielgenaues Schießen bis 1600 m möglich war. Der T-62 war zudem mit einer IR-Nachtsichtausrüstung versehen, die das Auffassen von Zielen in bis zu 800 m Entfernung auch bei Dunkelheit ermöglichte. Der Motor war der gleiche wie beim T-55, der 580-PS-Diesel W-55. Da der T-62 jedoch rund 4 t schwerer war (längere Wanne, leicht verstärkte Panzerung), litt die Mobilität etwas. Wie der T-55 besitzt der T-62 auf der linken Kettenabdeckung einen Schmieröltank, während sich auf dem linken Abdeckung drei externe Dieselbehälter befinden. Zusammen mit diesen drei Tanks führt der Panzer damit 960 l Treibstoff mit. Am Wannenheck können zusätzlich zwei 200-l-Fässer mit Diesel mitgeführt werden.

Im Laufe seiner Einsatzzeit entstanden zahlreiche Varianten und Veruchsfahrzuege auf Basis des T-62, von denen hier nur die wichtigsten vorgestellt werden können. Zu praktisch allen Hauptversionen exitierten Befehlsausführungen, die durch das Suffix »K« gekennzeichnet waren und zusätzliche Funkausrüstung besaßen. Der T-62A war eine 1962 in nur fünf Exemplaren gebaute Parallelentwicklung mit der 100-mm-Zugrohr-BK D-54. 1967 wurde die Motorabdeckung gerinfügig geändert, während das Modell 1972 (mitunter irrtümlich T-62A oder T-62M geannt) mit einem 12,7-mm-Fla-MG auf der Ladeschützenluke, neuen Ketten, neuem Triebrad und einer verbesserten Tiefwatausrüstung versehen wurde. Zahlreiche frühe Modelle wurden auf diesen Standard nachgerüstet. Ab 1975 kam über der BK ein Laser-EM zum Einbau. Die in sehr kleinen Zahlen gebaute Flammenwerferversion (Flammrohr anstelle des 7,62-mm-MG im Turm) trug die Bezeichnung TO-62.

*T-62M, aufgenommen am 17. August 2004 in Almaty, Kasachstan. Links daneben sind eine 2S1 Gvozdika-Panzerhaubitze sowie das Radar eines ZSU-23-4 Shilka Flakpanzers zu erkennen.* (Lawrence Skuse)

Ab 1983 wurde der T-62 einer umfassende Kampfwertsteigerung unterzogen (T-62M). Dazu gehörten die Ausrüstung mit einer rechnergestützten FL-Anlage, neuen Optiken, einer neuen Stabilisierungsanlage für die BK, neuen Funkgeräten sowie die Fähigkeit aus der BK den PzAbwFK 9M117 Bastion (AT-10 Stabber) zu verschießen. Des Weiteren wurden auf dem

*Oben: T-62 der ägyptischen Streitkräfte, Jom-Kippur-Krieg, Oktober 1973. Obwohl der T-62 eine Weiterentwicklung des T-55 ist, und daher zahlreiche Ähnlichkeiten aufweist, gibt es doch einige deutliche Unterscheidungsmerkmale: So weist das Rohr des T-62 nach ca. 2/3 seiner Länge einen Rauchabsauger auf, beim T-54/55 sitzt dieser (falls überhaupt vorhanden) am Rohrende nahe der Mündung. Zudem fehlt dem T-62 die deutliche Lücke zwischen dem ersten und zweiten Laufrad. Dafür weisen die Laufräder drei und vier, bzw. vier und fünf einen größeren Abstand zueinander auf.* (Radek Pancartek)

*Ein russischer T-62 während des Kaukasuskrieges im Sommer 2008. Man beachte die Käfigpanzerung an der Wannenseite sowie dem Turmheck.* (Dimitri Armenikow)

Wannenbug sowie an der Turmfront passive Zusatzverbundpanzerungselemente installiert, Kettenblenden montiert und (vor allem aufgrund der Erfahrungen in Afgahnistan) der Minenschutz verbessert. Um die unvermeidliche Gewichtssteigerung auszugleichen, wurde der Motor so modifiziert, dass er 620 PS leistete. Die Version T-62M besitzt eine Reihe von Subvarianten. So werden Panzer, die nicht in der Lage sind, den AT-10 PzAbwFK zu verschießen, als T-62M1 bezeichnet. (Recht verwirrend ist dabei, dass T-62M, die mit dem W-46 Triebwerk des T-72 nachgerüstet wurden, als T-62M-1 bezeichnet werden.) T-62M1-2 hingegen verfügen über keine Zusatzpanzeurng und/oder den verbesserten Minenschutz. T-62M (und Subvarianten), die ab 1985 mit reaktiver Panzerung ausgestattet wurden,

| **Typ:** | T-62/T-62M |
|---|---|
| **Hersteller:** | Panzerwerk Nischni Tagil |
| **Gefechtsgew.:** | 40 000 kg/45 000 kg |
| **Länge:** | 6630 mm (ohne Rohr), 9340 mm (mit Rohr) |
| **Breite:** | 3300 mm |
| **Höhe:** | 2400 mm (Oberkante Turm), 2700 mm (mit Fla-MG) |
| **Motor:** | W-55, 12-Zylinder-Dieselmotor |
| **Leistung kW/PS:** | 427/580 bzw. 456/620 |
| **Leistungsgew.:** | 14,5 PS/t bzw. 13,78 PS/t |
| **Höchstgeschw.:** | 50 km/h (Straße) |
| **Kraftstoffvorrat:** | 960 l (2 x 200-l-Zusatztanks am Heck optional) |
| **Fahrbereich:** | 450 km (Straße), 650 km mit 2 x 200-l-Zusatztanks |
| **Besatzung:** | 4 |
| **Bewaffnung:** | 1 x 115 mm-BK 2A20 (UT-5S) L/55, 1 x 7,62-mm-MG koaxial, (1 x 12,7-mm-Fla-MG ab 1972) |
| **Panzerung:** | Panzerstahl, 15 – 242 mm (T-62M mit Verbundpanzerung an Turm- und Wannenfront T-62MW zusätzlich mit ERA) |
| **Furttiefe:** | 1,4 m ohne, 5 m mit Vorbereitung |

erhielten das Suffix »W«, z.B. T-62MW. Hinzu kommen diverse Versuchsmodelle, z.B. mit Ladeautomat, AT-3 Sagger oder Flugabwehrraketen am Turm ausgerüstete Fahrzeuge. Insgesamt wurden in der UdSSR bis 1975 rund 20 000 T-62 produziert. Angaben, dass die CSSR 1500 Panzer dieses Typs für den Export gebaut habe, lassen sich nach neuen tschechischen und slowakischen Quellen nicht bestätigen. Nordkorea erhielt in den 1970er Jahren einige Hundert T-62 und fertigt bis heute Fahrzeuge auf Basis dieses Entwurfs. Neben der Sowjetunion nutzte nur noch ein einziges weiteres Land des Warschauer Paktes den T-62. Bulgarien erhielt in der ersten Hälfte

der 1970er Jahre 250 T-62 sowie nach Ende des Krieges in Afghanistan einige Dutzend weitere.
In den 1970er und den frühen 1980er Jahren wurde rund 5000 neugebaute T-62 in zahlreiche Länder des Nahen und Mittleren Ostens (z.B. Ägypten, Syrien, Irak) sowie Afrikas, Asiens und Kuba exportiert. Nach Ende der UdSSR 1991 folgten zahlreiche gebrauchte Panzer dieses Typs. Insgesamt nutzten oder nutzen über 30 Staaten den T-62.
Aufgrund seiner weiten Verbreitung wurde der Typ in zahlreichen Konflikten eingesetzt, so z.B. während des Jom-Kippur-Krieges 1973, 1982 im Libanon, 1980–1988 im Krieg

*Ein T-62M der Roten Armee während des Rückzuges aus Afghanistan. Man beachte den Laser-EM über der BK, die Zusatzpanzerung an der Turmfront sowie die Käfigpanzerung.* (US DoD)

Irak-Iran, in Afghanistan und Tschetschenien, während der Irakkriege 1990/91 und 2003, bei zahlreichen Auseinandersetzungen in Afrika aber auch noch im Kaukasuskonflikt 2008 sowie während der Bürgerkriege in Libyen (2011) und Syrien (seit 2011). Konnte der T-62 während des Jom-Kippur-Krieges von 1973 noch durch seine Feuerkraft beeindrucken, ist er mittlerweile vollständig veraltet.

# JS-2

Die JS-Reihe (JS – Josef Stalin) ist eine Weiterentwicklung der KW-Panzer, die seit 1940 bei der Roten Armee in Dienst standen. Der im Herbst 1943 vorgestellte JS-1 besaß eine 85-mm-BK und war rund 3 t leichter als ein KW-85, bot jedoch ob seiner geschickten Formgebung besseren Schutz. Der JS-1 besaß ein Stützrollenlaufwerk mit sechs, an Drehstäben aufgehängten Laufrollen und war für einen sowjetischen Panzer konventionell aufgebaut, d.h. Dieselmotor (praktisch identisch mit dem des T-34) und Getriebe saßen im Heck, mittig der Drei-Mann-Turm, in dem Kommandant und Richtschütze links, der Ladeschütze aber rechts saßen. Das zu jener Zeit übliche MG in einer Kugelblende neben dem Fahrer hatten die Konstrukteure jedoch fallen gelassen. Da der JS-1 fast zeitgleich mit dem T-34/85 entwickelt wurde und es unsinnig erschien einen schweren und einen mittleren Panzer mit der gleichen Waffe auszustatten, wurden kurz darauf Versuche mit 100-mm- und 122-mm-Kanonen angestellt. Obwohl die 100-mm-BK D-10T (die Waffe des späteren T-54/55) im Kampf gegen Panzer bessere Leistungen versprach, entschied sich die Armeeführung aufgrund der wirksameren Sprenggranate sowie der einfacheren Verfügbarkeit für die 122-mm-BK A-19. Die Produktion des JS-1 endete daher Anfang 1944 nach nur 107 Exemplaren. Eine Anzahl dieser Fahrzeuge wurde später durch die Umrüstung mit 122-mm-Kanonen auf den Stand des JS-2 gebracht. Die ersten

***JS-2 Modell 1944 des 1. Tschechoslowakischen Armeekorps (kämpfte in Verbindung in der 4. Ukrainischen Front der Roten Armee) im Mai 1945 im Zentrum von Prag. Oft wird das Modell 1944 des JS-2 als Variante »M« bezeichnet, dieses Suffix ist jedoch der modernisierten Version von 1954 vorbehalten.*** (US Army)

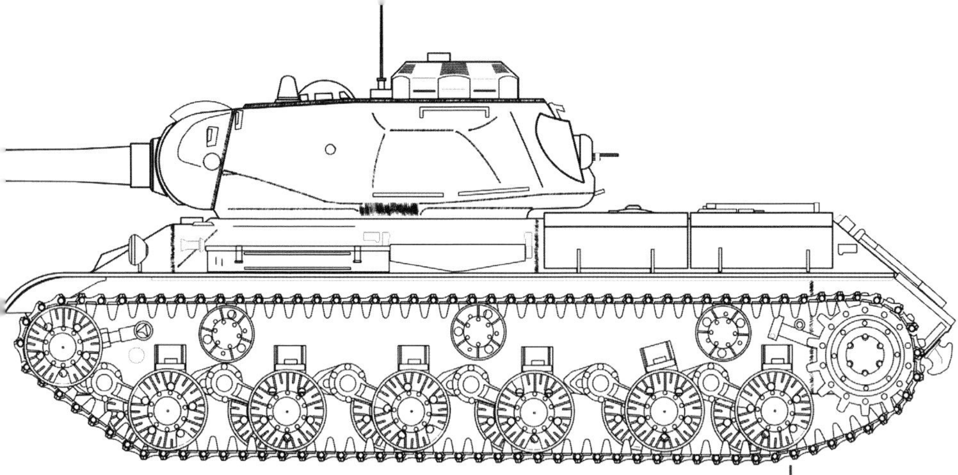

*Seiten- und Frontansicht des JS-2 Modell 1944.* (Saiga20K, cc by sa 3.0)

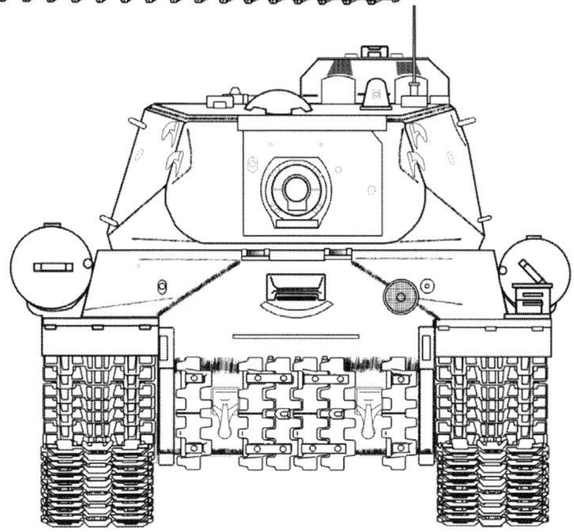

JS-2 (Modell 1943) wurden im Januar 1944 ausgeliefert und basierten auf der unveränderten Wanne des JS-1 mit einer typischen Stufe an der Frontseite. Diese stellte sich bald als Schwachstelle des Fahrzeugs heraus, weshalb das ab Juni 1944 produzierte Modell 1944 eine durchgehende Frontplatte von 120 mm Stärke erhielt. Zuvor war das Geschütz A-19 bereits durch eine 122-mm-BK D-25 ersetzt worden. Der Turm des JS-2 verfügte am Turmheck (hinter dem Platz des Kommandanten) über ein 7,62-mm-MG in einer Kugelblende. Ein starres MG dieses Kalibers war im Bug eingebaut und wurde vom Fahrer bedient. Späte Exemplare des JS-2 wurden zudem mit einem 12,7-mm-Fla-MG auf der Kommandantenkuppel ausgerüstet. Gegenüber der KW-Reihe stellte der JS-2 eine deutliche Verbesserung im Bezug auf Schutz, Feuerkraft und Zuverlässigkeit dar. Hauptnachteil des Typs war seine relativ geringe Mobilität sowie die (aufgrund der zweiteiligen Munition) geringe Schussfolge von nur zwei bis drei Schuss pro Minute. Bis 1945 wurden rund 3500 JS-2 gebaut, die auch nach Kriegsende noch im Dienst der Roten Armee verblieben. Mitte der 1950er Jahre wurde der JS-2 (zusätzlich zu den bereits seitlich an der Wanne vorhandenen vier Tanks von je 90 l Inhalt, davon drei für Diesel und einer für Motoröl) mit externen Dieseltanks (2 x 200 l) am Wannenheck ausgestattet. Interessanterweise war keiner dieser Behälter mit dem Treibstoffsystem des des Panzers verbunden. Bei Bedarf musste der Inhalt aller externen Tank mittels einer Handpumpe in die Haupttreibstoffbehälter gepumpt werden. Zusätzlich erhielten die Panzer neue Kettenabdeckungen mit schmalen Kettenblenden sowie neue Scheinwerfer und zusätzliche Gepäckkisten. Das MG im Turmheck wurde durch einen Lüfter ersetzt. Diese Version wurde als JS-2M bezeichnet. In dieser Form blieb der Typ bis in die frühen 1980er Jahre hinein Teil der Roten Armee, zuletzt jedoch in Verbänden der zweiten Linie oder als Kriegsreserve eingelagert. Zum Ende ihrer Dienstzeit wurden eine Reihe von JS-2M zudem an der Ostgrenze

| | |
|---|---|
| **Typ:** | JS-2 (Modell 1944) |
| **Hersteller:** | Staatsbetriebe der UdSSR |
| **Gefechtsgew.:** | 46 250kg |
| **Länge:** | 6670 mm (ohne Rohr), 9900 mm (mit Rohr) |
| **Breite:** | 3070 mm |
| **Höhe:** | 2730 mm |
| **Motor:** | W-2JS, 12-Zylinder-Dieselmotor |
| **Leistung kW/PS:** | 441/600 |
| **Leistungsgew.:** | 12,98 PS/t |
| **Höchstgeschw.:** | 37 km/h (Straße), 19 km/h (Gelände) |
| **Kraftstoffvorrat:** | 520 l + 270 l in externen Zusatztanks |
| **Fahrbereich:** | 250 km (Straße), 150 km (Gelände) |
| **Besatzung:** | 4 |
| **Bewaffnung:** | 1 x 122-mm-BK D-25 L/43, 1 x 7,62-mm-MG koaxial, 1 x 7,62-mm-MG starr im Bug, 1 x 7,62-mm-MG im Turmheck, teils 1 x 12,7-mm-Fla-MG |
| **Panzerung:** | Panzerstahl, 20 – 120 mm |
| **Furttiefe:** | 1,3 m |

der UdSSR als Bunker eingegraben. Seit Ende des 2. Weltkrieges nutzten jedoch auch andere Streitkräfte den Typ. So erhielten 1944 polnische und tschechische Exilverbände, die auf Seiten der Sowjets kämpften, einige JS-2. Eine größere Zahl von JS-2 wurde Anfang der 1950er Jahre an China geliefert. Ob diese Fahrzeuge im Koreakrieg zum Einsatz kamen ist aber mehr als ungewiss. Ein weiterer Nutzer war die DDR, die ab 1952 47 JS-2 erhielt, diese aber bereits 1958 schon wieder aussonderte. In den frühen 1960er Jahren gingen JS-2 auch an Kuba und Nordkorea. Auf Basis der JS-Reihe entstanden zudem eine Reihe von Selbstfahrlafetten, von denen die JSU-122 und JSU-152 die bekanntesten sind.

*Ein JS-2M (man beachte die seitlichen Gepäckkästen, die wirken als seien sie in die Wanne integriert, tatsächlich jedoch nur aus dünnem Blech bestehen), aufgenommen im Museum des Großen Patriotischen Krieges, Kiew, Ukraine, im Jahre 1985.* (US DoD)

# JS-3

Die Entwicklung des JS-3 begann im Sommer 1944 als Weiterentwicklung des JS-2, von dem Bewaffnung, Laufwerk, Motor und Getriebe übernommen wurden. Wanne und Turm waren jedoch völlig neu konstruiert und wesentlich günstiger geformt. Der obere Teil der Frontpanzerung bestand aus zwei winklig miteinander verschweißten Platten, wodurch der Wannenbug die Form eines umgekehrten V erhielt. Auftreffende Geschosse sollten so nicht mehr Richtung Turm, sondern zu den Seiten hin abgelenkt werden. Die Seiten der geschweißten Wanne waren nun ebenfalls schräggestellt, sodass sich auch hier der Schutz erhöhte, ohne die Panzerung verstärken zu müssen. Der Turm des JS-3 war besonders geschoßabweisend geformt und erinnerte an eine flache, umgedrehte Schüssel. So günstig geformt der niedrige Turm mit mit seinen stark abgeschrägten Flächen auch war, er verringerte zugleich den zur Verfügung stehenden Innenraum erheblich und beeinträchtigte so die Einsatzfähigkeit der Besatzung. Die Hauptbewaffnung des IS-3 bestand wie beim JS-2 aus der 122 mm-Zugrohr-BK D-25 für die wie beim Vorgängermodell nur 28 Schuss mitgeführt werden konnten. Zudem betrug die Feuergeschwindigkeit aufgrund der zweiteiligen Munition und der engen Platzverhältnisse im Turm nur zwei bis drei Schuss pro Minute.
Die D-25 war aufgrund ihrer vergleichsweisen geringen Mündungsgeschwindigkeit (v0) auf weite Entfernungen nicht sonderlich zielgenau, auf mittlere und kurze Distanzen zeigte sie jedoch erheblich Wirkung. Die interne Tankkapazität betrug nur 450 Liter, hinzu kamen vier je 90 Liter fassende Außentanks. Im Gegensatz zum JS-2 waren aber nun alle vier

*JS-3M des Museums in Lesany (Tschechien) im Jahre 2010. JS-3 der Roten Armee kamen 1956 bei der Niederschlagung des Aufstandes in Ungarn sowie 1968 in der Tschechoslowakei zum Einsatz.* (Adamicz, cc by sa 3.0)

*Die Tankkapazität des JS-3 betrug wie beim JS-2 450 Liter, auch die vier je 90 Liter fassenden Außentanks wurden übernommen. Jedoch waren nun alle vier Tanks mit Dieselkraftstoff gefüllt und zudem mit dem Kraftstoffsystem des Panzers verbunden.* (VOP.cz)

Tanks mit Dieselkraftstoff gefüllt und zudem mit dem internen Kraftstoffsystem des Panzers verbunden.

Erste Prototypen wurden im Oktober 1944 fertiggestellt, Serienexemplare folgten Mitte Mai 1945. Obwohl die Rote Armee mindestens ein Regiment JS-3 für den Einsatz gegen die Japaner in den Fernen Osten sandte, scheinen diese Panzer nicht im Kampf verwendet worden zu sein. Seinen ersten öffentlichen Auftritt hatte der JS-3 am 7. September 1945 bei einer Siegesparade der Alliierten in Berlin, als 52 JS-3 an überraschten und schockierten Beobachtern aus Großbritannien, Frankreich und den USA vorbei rollten. Seine starke

*JS-3M der ägyptischen 4. Panzerdivision im Jahre 1967.* (Oliver Missing)

Panzerung und die allseits abgeschrägten Flächen im Verbund mit seinem niedrigen Aufzug machten den IS-3 zu einem schwer abzuschießenden Gegener, der trotz 20 t Gewichtsunterschied in der gleichen Klasse wie der deutsche Tiger II spielte. Der 600-PS-Diesel vom Typ W-2 war jedoch an den Grenzen seiner Leistungsfähigkeit und daher nicht immer zuverlässig, ähnliche Probleme plagten den restlichen Antriebsstrang. Zudem zeigten sich bald fehlerhafte Schweißnähte, insbesondere am Bug. Die Serienfertigung wurde daher bereits Mitte 1946 nach 2311 Exemplaren beendet. Sämtliche Fahrzeuge wurden von 1948 bis 1952 in einem aufwändigen Programm überholt und zudem mit neuen Funkgeräten und Laufrollen ausgerüstet. Die Beseitigung der Mängel gelang jedoch nur teilweise. Durch den Umbau stieg das Gewicht auf fast 49 t an. Ab Ende der 1950er Jahre wurden die JS-3 einer ähnlichen Modernisierung die der JS-2 unterzogen (JS-3M), jedoch bereits wenige Jahre später aus Frontverbänden abgezogen. Neben der Rote Armee nutzen auch andere Staaten den JS-3, so erhielten Polen und die Tschechoslowakei einzelne Panzer, während China nach Ende des Koreakriegs eine größere Zahl JS-3 übernahm. Ägypten war ab 1956 ein weiterer Nutzer des JS-3, die letzten von rund 100 Panzern dieses Typs wurden 1967 geliefert. Einige JS-3 kamen noch 1973 im Krieg gegen Israel zum Einsatz. Die Israelis erbeuteten 1967 eine größere Anzahl JS-3 und erprobten diese, setzten sie aber nicht ein. Der Befehl, die letzten JS-3M der Roten Armee zu verschrotten, erging erst 1993.

| | |
|---|---|
| **Typ:** | JS-3/JS-3M |
| **Hersteller:** | Staatsbetriebe der UdSSR |
| **Gefechtsgew.:** | 46 500 kg/48 800kg |
| **Länge:** | 6670 mm (ohne Rohr),<br>9850 mm (mit Rohr) |
| **Breite:** | 3200 mm |
| **Höhe:** | 2450 mm |
| **Motor:** | W-2JS, 12-Zylinder-Dieselmotor |
| **Leistung kW/PS:** | 441/600 |
| **Leistungsgew.:** | 12,9 PS/t bzw. 12,3 PS/t |
| **Höchstgeschw.:** | 40 km/h (Straße), |
| **Kraftstoffvorrat:** | 450 l + 360 l<br>in externen Zusatztanks |
| **Fahrbereich:** | 200 km (Straße), 150 km |
| **Besatzung:** | 4 |
| **Bewaffnung:** | 1 x 122-mm-BK D-25 L/43,<br>1 x 7,62-mm-MG koaxial,<br>1 x 12,7-mm-Fla-MG |
| **Panzerung:** | Panzerstahl, 20 – 250 mm |
| **Furttiefe:** | 1,3 m |

# JS-4

Die Konstruktion des JS-4 begann 1944. Er stellte ursprünglich einen Konkurrenzentwurf zum JS-3 dar und war wie dieser eine Weiterentwicklung des JS-2. Die Wanne war verlängert worden und das Laufwerk besaß nun sieben anstelle von sechs Laufrädern. Die Panzerung an Turm und Wanne war zudem verstärkt worden (Turmfront max. 250 mm/rund, Turmseiten 180–200 mm/65°, Wannenfront 140 mm/29°, Wannenseiten (oben) 160/60° mm), wodurch sich das Gewicht entsprechend erhöhte. Der Motor der IS-4 war ein modifizierter W-2-Diesel, der nun 750 PS leistete. Das Getriebe war eine völlige Neuentwicklung und bereitete während der Erprobung diverse Schwierigkeiten. Die Serienproduktion begann daher erst 1947 und endete 1949 nach nur 250 Panzern, denn nicht nur das problematische Getriebe, auch andere mechanische Teile erwiesen sich als unzuverlässig. Zudem überstieg das Gewicht von 60 t die Tragfähigkeit vieler Brücken in der UdSSR. Der JS-4 kam nur im Osten der Sowjetunion zum Einsatz und wurde recht schnell aus dem aktiven Dienst entfernt. Türme oder ganze Panzer wurden auch als Bunker an der Grenze zu China eingegraben.

| | |
|---|---|
| **Typ:** | JS-4 |
| **Hersteller:** | Staatsbetriebe der UdSSR |
| **Gefechtsgew.:** | 60 000 kg |
| **Länge:** | 10 470 mm (mit Rohr) |
| **Breite:** | 3220 mm |
| **Höhe:** | 2500 mm (Oberkante Turm) |
| **Motor:** | W-12, 12-Zylinder-Dieselmotor |
| **Leistung kW/PS:** | 552/750 |
| **Leistungsgew.:** | 12,5 PS/t |
| **Höchstgeschw.:** | 43 km/h (Straße) |
| **Kraftstoffvorrat:** | 450 l + 270 l in externen, abwerfbaren Zusatztanks |
| **Fahrbereich:** | 250 km (Straße) |
| **Besatzung:** | 4 |
| **Bewaffnung:** | 1 x 122-mm-BK D-25 L/43, 1 x 12,7-mm-MG koaxial, 1 x 12,7-mm-Fla-MG |
| **Panzerung:** | Panzerstahl, 30 – 250 mm |
| **Furttiefe:** | 1,4 m |

*Der JS-4 verwendete die gleiche Waffe wie der JS-2 und JS-3, die 122-mm-BK D-25. Wie beim JS-2 und JS-3 war auch beim JS-4 der Munitionsvorrat begrenzt (28 bzw. 30 Schuss). Allerdings waren Geschosse und Treibladungen im JS-4 in speziellen, gepanzerten Behältern untergebracht, um die Gefahr einer Munitionsexplosion zu minimieren.* (Vincent Bourguignon)

# T-10

Ende der 1940er Jahre verfügte die Rote Armee über drei verschiedene schwere Panzer (JS-2, JS-3 und JS-4), die aber sämtlich nicht alle Anforderungen erfüllten. Ende 1948 begann daher die Entwicklung eines neuen Typs, der nicht mehr als 50 t wiegen sollte. Die Erprobung einer Reihe von Vorserienfahrzeugen mit der Bezeichnung JS-8 im Frühjahr 1950 offenbarte einige Schwächen, weshalb der Entwurf abgeändert werden musste. Die Modifikationen waren so umfangreich, dass der Typ schließlich in JS-9 und nach erneuten Änderungen in JS-10 umbenannt wurde. Die Serienproduktion sollte im Frühjahr 1953 beginnen. Der Tod Stalins im März 1953 (und die folgende Entstalinisierung) führten nicht nur zur Umbenennung in T-10, sondern auch zur Verzögerung der Serienfertigung, die erst Ende jenes Jahres einsetzte. Der T-10 besaß wie der JS-4 sieben an Drehstäben aufgehängte Laufrollen und war ballistisch ähnlich gut geformt wie der JS-3, von dem er auch die Hauptwaffe, die 122-mm-BK D-25 und den geringen Munitionsvorrat von nur 30 Schuss übernahm. Der Motor des T-10 war ein modifizierter W-2-Diesel und leistete 700 PS. 1956 erschien der T-10A, der über eine Waffenstabilisierungsanlage (einachsig) verfügte. Der ab 1957 gebaute T-10B war mit einer verbesserten zweiachsigen Stabilisierung und neuen Optiken ausgerüstet. Die größte Veränderung brachte die ebenfalls ab 1957 produzierte Version T-10M, die eine leistungsfähigere, in zwei Achsen stabilisierte 122-mm-BK M-62-T2 und MG des Kalibers 14,5 mm (koaxial und Fla) besaß. Zudem kamen ein automatischer Ansetzer für die BK, ein verbes-

*Ein T-10M (erkennbar an der fünffach geschlitzten Mündungsbremse der BK M-62) im Museum des Großen Patriotischen Krieges. Kiew, Ukraine, April 2005.* (VargaA cc by sa 3.0)

serter 750-PS-Motor, ein ABC-Schutzsystem und eine IR-Nachtsichtausrüstung zum Einbau. Die in kleinen Stückahlen gebaute Version T-10MK war eine Befehlsvariante mit zusätzlichen Funkgeräten. Ab 1963 wurde der T-10 mit einer Tiefwatanlage versehen, die das Durchqueren 5 m tiefer Wasserhindernisse erlaubte und 1967 wurde modernere Munition (HEAT und APDS) eingeführt. Die Produktion des T-10 war jedoch bereits ein Jahr zuvor gestoppt worden. Wie viele Panzer dieses Typs insgesamt produziert wurden, ist nicht zuverlässig zu sagen. Westliche Schätzungen gingen früher von bis zu 8000 Stück aus, eine Zahl von 1500 – 2000 Exemplaren scheint jedoch realistischer. Obwohl der T-10 ab Ende der 1960er Jahre aus den Fronteinheiten verschwand, wurden die letzten Exemplare erst nach 1993 verschrottet. Der T-10 war nicht nur der letzte in Serie gebaute schwere Kampfpanzer der Roten Armee, sondern weltweit. Seine Rolle, das Erzwingen von Durchbrüchen in der gegnerischen Front sowie die Feuerunterstützung der eigenen mittleren Kampfpanzer, war überflüssig geworden. Typen wie der T-64 übernahmen nun diese Aufgaben. Der T-10 wurde nicht exportiert und niemals im Gefecht eingesetzt, war allerdings an der Niederschlagung des Prager Frühlings 1968 beteiligt.

| | |
|---|---|
| **Typ:** | T-10/T-10M |
| **Hersteller:** | Staatsbetriebe der UdSSR |
| **Gefechtsgew.:** | 51 500 kg/52 000 kg |
| **Länge:** | 7250 mm (ohne Rohr), 9870 mm/10 560 mm (mit Rohr) |
| **Breite:** | 3380 mm |
| **Höhe:** | 2430 mm/2580 mm |
| **Motor:** | W-12, 12-Zylinder-Dieselmotor |
| **Leistung kW/PS:** | 515/700 bzw. 552/750 |
| **Leistungsgew.:** | 13,59 PS/t bzw. 14,42 PS/t |
| **Höchstgeschw.:** | 43 km/h bzw. 50 km/h (Straße) |
| **Kraftstoffvorrat:** | 760 l/940 l |
| **Fahrbereich:** | 250 km/300 km (Straße) |
| **Besatzung:** | 4 |
| **Bewaffnung T-10:** | 1 x 122-mm-BK D-25T L/43, 1 x 12,7-mm-MG koaxial, 1 x 12,7-mm-Fla-MG |
| **Bewaffnung T-10M:** | 1 x 122-mm-BK M-62-T2, 1 x 14,5-mm-MG koaxial, 1 x 14,5-mm-Fla-MG |
| **Panzerung:** | Panzerstahl, 30 – 250 mm |
| **Furttiefe:** | 1,4 m (ab 1963 5 m mit Vorbereitung) |

*T-10M während einer Parade in Moskau in den 1960er Jahren.* (US DoD)

# M4 Sherman

Der M4 *Sherman* war der meistgebaute Kampfpanzer der Westalliierten und von 1943 bis Kriegsende praktisch der Standardpanzer der USA und ihrer Verbündeten. Bis Mai 1945 entstanden 49 243 M4. (Für eine detaillierte Beschreibung des M4 siehe den Typenkompass »Panzer der Alliierten 1939–1945«.)
Nach Kriegsende wurden Tausende *Sherman* aller Ausführungen nicht mehr benötigt und endeten auf dem Schrottplatz und wurden günstig an Streitkräfte in aller Welt abgegeben. Neben den USA, die ihre letzten M4 erst 1958 aussonderten, nutzten nach 1945 über 30 weitere Staaten diesen Panzertyp – teilweise bis über das Jahr 2000 hinaus.
Die USA verwendeten nach Ende des 2. Weltkrieges nur noch die Version M4A3E8 Easy Eight, die entweder mit der 76-mm-BK M1 L/52,8 oder einer kurzläufigen 105-mm-Haubitze in einem neuen Turm (T23) bewaffnet war und über ein Fahrgestell mit horizontalen Spiralfedern (HVSS) statt der vorher verwendeten vertikalen (VVSS) verfügte. Während des Koreakriegs (1950 – 1953) stellten *Sherman* weiterhin einen wichtigen Teil der US-Panzereinheiten. Anfang der 1950er Jahre wurden in den USA zudem M4, die den ursprünglichen Turm trugen, mit 76-mm-BK (und teils auch HVSS-Laufwerken) ausgerüstet und an Verbündete in Europa bzw. Asien abgegeben. Die Bezeichnung dieser Panzer lautete M4A3E4 (76) oder M4A1E4(76).
Dennoch waren viele M4 aus Kriegsbeständen noch mit der weit weniger leistungsfähigen 75-mm-BK M3 bewaffnet. Zahlreiche Streitkräfte in aller Welt führten daher eigene Modifikationen durch, von denen hier nur einige genannt werden können.
Ägypten rüstete eine Reihe von *Sherman* mit dem Dieselmotor der Version M4A2 sowie dem FL-10-Turm des französischen leichten Panzers AMX-13 aus, der mit einer 75-mm-BK (CN-75-50, Rohrlänge L/61,5) ausgestattet war. Diese französische Waffe wurde auch in M4 zweier indischer Panzerregimenter eingebaut. Eines der umfangreichsten KWS-Pro-

*Die USA verwendeten von 1945 bis 1958 nur noch Sherman des Modells M4A3E8 Easy Eight mit horizontalen Spiralfedern (HVSS), die entweder mit der 76-mm-BK M1 L/52,8 oder (wie hier zu sehen) einer kurzläufigen 105-mm-Haubitze in einem neuen Turm (T23) bewaffnet waren.* (US Army)

gramme führte Israel durch, das ab 1948 über 600 M4 aus unterschiedlichsten Quellen erwarb. (Details dazu siehe S. 38 – 41). Argentinien hatte Ende der 1940er Jahre 450 M4 beschafft, darunter zahlreiche ex-britische *Sherman* VC und IC (Firefly) mit 76,2-mm-Kanonen (17-Pfünder). Ab 1976 rüsteten die argentinischen Streitkräfte 120 (andere Quellen sprechen von 250) Firefly mit französischen 450-PS-Dieselmotoren (Poyaud 520 V-8) sowie 105-mm-BK FTR L44/57 (einer argentinischen Kopie der französischen CN-105-57), einem belgischen 7,62-mm-koaxial-MG MAG 58 und Nebelwurfbechern aus. Zudem wurden das Laufwerk und die Ketten überarbeitet, der Turm leicht verändert und ein Gepäckkorb am Turmheck hinzugefügt. Aufgrund der voluminösen Munition wurde auf den in der Wanne sitzenden Funker und den Ladeschützen verzichtet, die Besatzung betrug daher nur noch 3 Mann. Diese als *Sherman* Repotenciado bezeichneten Fahrzeugen blieben bis 1994 im Dienst. Uruguay erhielt in den 1980er Jahren

| **Typ:** | M4A3E8 (Easy Eight) |
|---|---|
| **Hersteller:** | Detroit Arsenal (Chrysler), Grand Blanc Arsenal (Fisher), Ford |
| **Gefechtsgew.:** | 33 650 kg |
| **Länge:** | 7540 mm (mit Rohr) |
| **Breite:** | 3000 mm |
| **Höhe:** | 2970 mm |
| **Motor:** | Ford GAA 8-Zylinder-Ottomotor |
| **Leistung kW/PS:** | 368/500 |
| **Leistungsgew.:** | 14,9 PS/t |
| **Höchstgeschw.:** | 42 km/h (Straße), 28 km/h (Gelände) |
| **Kraftstoffvorrat:** | 764 l |
| **Fahrbereich:** | 160 km (Straße) |
| **Besatzung:** | 5 |
| **Bewaffnung:** | 1 x 76,2-mm-BK M1 L/52,8, 1 x 7,62-mm-koaxial, 1x 7,62-mm-MG in der Wanne, 1 x 12,7-mm-Fla-MG |
| **Panzerung:** | Panzerstahl, 12,7 – 108 mm |
| **Furttiefe:** | 0,91 m |

*Rechts: M4A3E8(HVSS) Sherman der 11. US-Panzerdivision. Man beachte den T23 Turm und die 76-mm-BK. Deutschland, März 1945.* (Vincent Bourguignon)

*Unten: Pakistanische Offiziere im Jahre 1965 vor einem abgeschossenen indischen M4A1E4(76). Der M4A1E4(76) führte die 76-mm-BK M1 L/52,8 in einem M4-Standardturm.*

FLAT FOOT FLOOGIE

drei dieser argentinischen *Sherman* als Geschenk – und hat sie offenbar bis heute nicht außer Dienst gestellt.
Die E4(76)-Version wurde in Europa z.B. von Dänermark, Portugal und Jugoslawien eingesetzt. Die Niederlande und Belgien verwendeten bis in die späten 1950er Jahre hinein die Modelle A1, A2 und Firefly. Die niederländische Marineinfanterie sonderte ihre M4 mit 105-mm-Haubitze sogar erst in 1970er Jahren aus. Die französischen Streitkräfte stellten ihre M4 Anfang der 1950er Jahre außer Dienst oder übergaben sie an Polizeieinheiten, wo sie bis in die 1960er Jahre Dienst taten.
Aufgrund seiner weltweiten Verbreitung nahmen M4 auch nach 1945 noch an zahlreichen Auseinandersetzungen teil, so z.B. an den Nahostkriegen 1948, 1956, 1967 und 1973, dem Indochinakrieg (1946–1954), dem Koreakrieg (1950–1953), den indisch-pakistanischen Kriegen 1965 und 1971 und dem Bürgerkrieg im Libanon (1975–1990) – um nur einige zu nennen.

*Oben: Ein Sherman Repotenciado mit 105-mm-BK und Minenwalzen der argentinischen Panzertruppe.* (Argentinisches Verteidigungsministerium)

*Unten: Ein ägyptischer M4 Sherman mit dem Turm eines französischen leichten Panzers des Typs AMX-13. Die IDF erbeutete 1956 rund ein Dutzend dieser modifizierten M4. Man beachte die seitlich aufgeschweißte Zusatzpanzerung an der Wanne. Yad la-Shiryon Museum, Israel, 2005.* (Bukvoed cc by sa 3.0)

# M26 Pershing

Bereits 1942 begann die Suche nach einem Nachfolgemodell des M4 *Sherman*. Die Konstruktions- und Entwicklungsarbeiten gestalteten sich allerdings recht kompliziert, da die Anforderungen an das Fahrzeug immer wieder geändert wurden und die US-Armee an einem Punkt sogar erklärte, den neuen Panzer gar nicht mehr zu benötigen. Über die Prototypen T25 und T26 kam man in Frühjahr 1944 zum T26E1, aus dem mit minimalen Veränderungen das Vorserienmodell T26E3 wurde. Dieser Typ besaß ein Fahrwerk mit sechs Lauf- und fünf Stützrollen und wies eine Drehstabfederung auf. Der Turm mit einer 90-mm-BK M3 L/55 war gegossen, während die Wanne aus Gusselementen verschweißt wurde.
Die Ardennenoffensive Ende 1944 bekräftigte die Notwendigkeit eines Panzers, der fähig war mit *Panther* und *Tiger* gleichzuziehen, sodass im Januar 1945 die ersten T26E3 nach Europa verschifft wurden. Der Entwurf wurde im März 1945 offiziell als Heavy Tank M26 *General Pershing* (nach General John J. Pershing) übernommen. Bis Ende 1945 wurden

| | |
|---|---|
| **Typ:** | M26A1 |
| **Hersteller:** | Grand Blanc Arsenal (Fisher), Detroit Arsenal (Chrysler) |
| **Gefechtsgew.:** | 42 000 kg |
| **Länge:** | 6510 mm (Wanne), 8480 mm (mit Rohr) |
| **Breite:** | 3510 mm |
| **Höhe:** | 2780 mm |
| **Motor:** | Ford GAF 8-Zylinder-Ottomotor |
| **Leistung kW/PS:** | 368/500 |
| **Leistungsgew.:** | 11,9 PS/t |
| **Höchstgeschw.:** | 40 km/h (Straße), 18 km/h (Gelände) |
| **Kraftstoffvorrat:** | 832 l |
| **Fahrbereich:** | 160 km (Straße) |
| **Besatzung:** | 5 |
| **Bewaffnung:** | 1 x 90-mm-BK M3A1 L/53, 1 x 7,62-mm-MG koaxial, 1 x 7,62-mm-MG im Bug, 1 x 12,7-mm-M2HB-Fla-MG |
| **Panzerung:** | Panzerstahl, 12,7 – 114 mm |
| **Furttiefe:** | 1,22 m |

*Der M26 war der Stammvater der US-Panzer der Typen M46, M47, M48 und M60, wobei die letzten beiden Typen teils noch heute in Dienst stehen.* (US Army)

*Der M26A1 verfügte über eine verbesserte BK M3A1 mit Rauchabsauger.* (Oleg Halin)

insgesamt über 2200 T26E3/M26 produziert, von denen jedoch nur einige wenige in Europa zum Einsatz kamen. Späte Modelle besaßen auf 58,4 cm verbreiterte Ketten.

Im Mai 1946 wurde der M26 zu einem mittleren Panzer (Medium Tank) umklassifiziert. Im Einsatz erwies sich der M26 als untermotorisiert, da sein 500-PS-Motor ursprünglich für den rund 10 t leichteren M4 entworfen worden war. Auch das Getriebe stellte sich als unzuverlässig heraus, zudem erlaubte es keine 360°-Drehungen auf der Stelle. Ab 1948 wurden daher M26 u.a. mit neuen Motoren und Getrieben sowie einer verbesserten 90-mm-BK M3A1 ausgerüstet, ihre Bezeichnung änderte sich dann zu M46 (siehe dort). Da die Mittel nicht für die Modifikation aller vorhandenen Fahrzeuge ausreichten, wurde in zahlreiche M26 nur die BK M3A1 mit Rauchabsauger eingebaut (M26A1). Ein auf dem M26 basierender Bergepanzer sowie eine 240-mm-Selbstfahrlafette kamen über das Versuchstadium nicht hinaus.

Ab Mitte 1950 wurden 309 M26 nach Korea verlegt, wo sie sich den nordkoreanischen und chinesischen T-34/85 als klar überlegen erwiesen. Aufgrund der Probleme mit Motor und Getriebe wurden die M26 jedoch ab 1951 durch M46 ersetzt. Die in Deutschland stationierten M26 wurden ab 1952 durch M47 abgelöst. Größter Nutzer des *Pershing* in Europa war Belgien, das ab 1952 insgesamt 423 überzählige M26 und M26A1 erhielt, die bis Ende der 1960er Jahre im Einsatz blieben. Frankreich und Italien betrieben ebenfalls M26, allerdings in weitaus geringerer Zahl. Die französischen Pershings wurden recht rasch durch M47 ersetzt, während Italien seine M26 bis 1963 verwendete.

## M45 Pershing

Neben dem Hauptmodell T26E3/M26 wurden in sehr geringen Stückzahlen 1944/45 auch noch einige Fahrzeuge mit leistungsfähigeren

*Der M45 wurde als Nahunterstützungsversion des M26 gebaut und verfügte über eine kurzläufige 105-mm-Haubitze.* (Vincent Bourguignon)

90-mm-BK (2 T26E1 und 25 T26E4) bzw. stärkerer Panzerung (27 T26E5) gebaut, die jedoch nicht in Serie gingen. Der im Juli 1945 vorgestellte Prototyp T26E2 mit einer kurzläufigen 105-mm-Haubitze wurde jedoch als M45 übernommen. Da das Interesse an einer Infanterie- bzw. Nahunterstützungsversion des M26 nach Kriegsende jedoch rapide nachließ, wurden insgesamt nur 185 Exemplare gebaut, die bei der US Army und den US Marines Dienst taten. Aufgrund seiner Rolle, aber auch um das fehlende Gewicht des langen 90-mm-Rohres auszugleichen, war die Turmfront des M45 bis zu 127 mm stark. Die Rohrblende bestand sogar aus 203 mm dickem Panzerstahl. Interessanterweise war der M45 im Gegensatz zum M26 mit einer einfachen Stabilisierungsanlage ausgerüstet. Einige M45 kamen 1950 in Korea zum Einsatz, bis Mitte 1954 aber waren die letzten M45 aus dem Bestand der US-Streitkräfte verschwunden.

| | |
|---|---|
| **Typ:** | M45 |
| **Hersteller:** | Detroit Arsenal (Chrysler) |
| **Gefechtsgew.:** | 42 500 kg |
| **Länge:** | 6499 mm (Wanne), 7109 mm (mit Rohr) |
| **Breite:** | 3510 mm |
| **Höhe:** | 2817 mm |
| **Motor:** | Ford GAF 8-Zylinder-Ottomotor |
| **Leistung kW/PS:** | 368/500 |
| **Leistungsgew.:** | 11,76 PS/t |
| **Höchstgeschw.:** | 40 km/h (Straße), 18 km/h (Gelände) |
| **Kraftstoffvorrat:** | 832 l |
| **Fahrbereich:** | 160 km (Straße) |
| **Besatzung:** | 5 |
| **Bewaffnung:** | 1 x 105-BK M4, 1 x 7,62-mm-MG koaxial, 1 x 7,62-mm-MG im Bug, 1 x 12,7-mm-M2HB-Fla-MG |
| **Panzerung:** | Panzerstahl, 12,7 – 203 mm |
| **Furttiefe:** | 1,22 m |

# M46 Patton

Da der M26 *Pershing* unter einem zu schwachen Triebwerk und einem unzuverlässigen Getriebe litt, begannen Anfang 1948 die Arbeiten an einer verbesserten Ausführung mit der Bezeichnung M26E2. Neben der Ausrüstung mit einem stärkeren Ottomotor des Typ AV-1790-5A (810 PS) und einem neuen Getriebe, das nun auch 360° Drehungen auf der Stelle erlaubte (zuvor hatte der minimale Wendekreis 18 m betragen!). Die BK wurde mit einem Rauchabsauger versehen und das Abgassystem verändert, der Auslass für die Motorabgase befand sich nun nicht mehr zentral im Wannenheck, sondern war nach rechts und links auf die hinteren Kettenabdeckungen verlegt worden. Aufgrund des neuen Getriebes musste das Treibrad nach oben versetzt werden. Zwischen dem letzten Laufrad und dem Treibrad wurde ein Kettenspannrad installiert und die Lafette des Fla-MG vor die Kommandantenkuppel versetzt. Die Umrüstung alter M26 begann Mitte 1949, im November jenes Jahres wurde Bezeichnung der neuen Version

*Links: Ein M46 mit Räumschild der »Dog Company«, 1st Tank Battalion des USMC. Zum gegen HL-Geschosse wird der Turm mit einer »Abstandspanzerung« aus Maschendraht versehen. Korea, 25. März 1953.* (NARA)

*Unten: Ein M46 mit Räumschild der 7th Infantry Division (US Army) wartet während der Übung Task Force K-Woddie auf begleitende Infanterie. Man beachte das gegenüber dem M26 weiter oben liegende Treibrad sowie das Kettenspannrad. Südkorea, 5. Juni 1956.* (US DoD)

in M46 *Patton* (nach General George S. Patton) geändert. Der M46A1 besaß neben einem verbesserten Motor (AV-1790-5B) und Getriebe sowie stärkeren Bremsen auch eine modifizierte Motorkühl- und Elektroanlage. Weder der M26 noch der M46 verfügten über Entfernungsmesser oder eine ABC-Schutzanlage und waren damit Anfang der 1950er Jahre eigentlich nicht mehr zeitgemäß. Dennoch wurden 800 M26 zu M46 und 360 M26 zu M46A1 umgerüstet. Der einzige Kampfeinsatz des M46 erfolgte in Korea, wo er sich, wie der M26, den gegnerischen T-34/85 weit überlegen zeigte. Die USA nutzen den M46 bis 1957. Eine kleine Zahl von M46 wurde auch an Belgien, Italien und Frankreich abgegeben.

| | |
|---|---|
| **Typ:** | M46 |
| **Hersteller:** | Detroit Arsenal (Chrysler) |
| **Gefechtsgew.:** | 44 000 kg |
| **Länge:** | 6510 mm (Wanne), 8480 mm (mit Rohr) |
| **Breite:** | 3510 mm |
| **Höhe:** | 2780 mm (Oberkante Turm), 3180 mm (mit Fla-MG) |
| **Motor:** | Continental AV-1790-5A 12-Zylinder-Ottomotor |
| **Leistung kW/PS:** | 596/810 |
| **Leistungsgew.:** | 18,41 PS/t |
| **Höchstgeschw.:** | 48 km/h (Straße), 20 km/h (Gelände) |
| **Kraftstoffvorrat:** | 878 l |
| **Fahrbereich:** | 130 km (Straße) |
| **Besatzung:** | 5 |
| **Bewaffnung:** | 1 x 90-mm-BK M3A1 L/53, 1 x 7,62-mm-MG koaxial, 1 x 7,62-mm-MG im Bug, 1 x 12,7-mm-M2HB-Fla-MG |
| **Panzerung:** | Panzerstahl, 12,7 – 114 mm |
| **Furttiefe:** | 1,22 m |

*Ein M46 Patton durchfährt im September 1950 das Dorf Kumko in Korea.* (US Army)

# M47 Patton

Nach dem Ausbruch des Koreakrieges Ende Juni 1950 sahen sich die USA der Tatsache gegenüber, dass im Land keine neuen Kampfpanzer mehr in Serie produziert wurden. In aller Eile wurde daher beschlossen, die leicht modifizierte Wanne des M46 mit dem Turm der Experimentalentwicklung T42 zu versehen, um so eine schnell verfügbare Übergangslösung zu erhalten. Ohne den Bau eines Prototypen abzuwarten, wurde daher bereits im Sommer jenes Jahres die Produktion des M47 genehmigt und die ersten Serienfahrzeuge verließen im Juni 1951 die Hallen des Detroit Tank Arsenal. Bis November 1953 entstanden insgesamt 8576 M47 – kein schlechtes Ergebnis für eine Übergangslösung.
Wanne und Laufwerk des M46 wurden nur leicht verändert, so besaß der M47 nur noch drei statt fünf Stützrollen und die prominente, mittig zwischen Fahrer und MG-Schütze gelegene Ausbuchtung an der oberen Wannenfront entfiel. Hinzu kamen vergrößerte Auspufftöpfe auf den hinteren Kettenabdeckungen. Die Wanne bestand aus verschweißten Gussteilen. Der MG-Schütze und das Bug-MG wurden beibehalten, der M47 war damit der letzte US-Panzer, der dieses Merkmal aufwies.
Der schmale und lange Turm (eine hinten am Turm befestigte Gepäckkiste verstärkte diesen Eindruck noch) war vollständig gegossen und bot frontal wesentlich weniger Querschnitts- und damit Zielfläche. Im ausladenden Turmheck waren Funkgeräte und Lüftungsgebläse untergebracht. Während die Ursprünge der 90-mm-BK M3 des M26/46 noch bei der 90-mm-Flak M1 gelegen hatten, war die 90-mm-Zugrohr-BK M36 (T119E1) eine völlige Neuentwicklung. Diese Kanone besaß zunächst eine zylindrische Mündungsbremse, die später durch eine T- bzw. leicht Y-förmige Version ersetzt wurde. Frühe M47 weisen ein 12,7-mm-koaxial-MG auf, das jedoch bald einer 7,62-mm-Waffe wich. Um die Trefferwahrscheinlichkeit auf größere Entfernungen

*Ein früher M47. Die Öffnungen für den optischen-EM an den Turmseiten sind noch zugeschweißt.* (US Army)

zu erhöhen, war der M47 der weltweit erste Serienpanzer mit einem optischen Entfernungsmesser (EM). Die Ausblicke dieses EM sind beiderseits am oberen, vorderen Turm zu erkennen. Aufgrund von Entwicklungsproblemen mussten die ersten Fahrtzeuge allerdings ohne EM ausgeliefert werden. Im Einsatz erwies sich das Gerät aber als sehr komplex in der Bedienung und zudem recht störanfällig. Der M47 verfügte zunächst über keinerlei Nachtsichtausrüstung.

Neben der US Army nutzten auch das Marines Corps M47. Beide ersetzten diesen Typ jedoch rasch durch M48 oder M103. Spätestens Ende der 1950er Jahre waren alle M47 bei den US-Streitkräften ausgesondert oder eingelagert. Nicht wenige endeten als Hartziele. Varianten des M47 entstanden während seiner Produktionszeit nicht. Viele M47 wurden preiswert an verbündete Staaten abgegeben, insgesamt verwendeten oder verwenden über 20 Staaten Panzer dieses Typs.

*Heckansicht eines fabrikneuen, frühen M47 (fehlender EM an den Turmseiten, zylindrische Mündungsbremse) mit nach hinten gedrehtem Turm.* (ALCO)

Die Bundeswehr erhielt ab 1956 1120 M47, die bis 1967 Dienst taten. Ab 1959 wurde bei den deutschen M47 der Fahrerplatz auf die rechte Wannenseite verlegt, somit entfielen das Bug-MG sowie der Platz des MG-Schützen ganz. Der frei werdende Raum wurde zur Unterbringung zusätzlicher Munition genutzt. Zahlreiche M47 der Bundeswehr wurden später an NATO-Partner wie Griechenland oder die Türkei abgegeben. Österreich beschaffte ab Ende der 1950er Jahre 153 M47, von denen einige bis 1982 verwendet wurden. Bereits seit 1972 waren zahlreiche M47-Türme in österreichische Grenzbefestigungen eingebaut worden. Die Schweiz erprobte zwei M47, entschied sich dann aber zur Entwicklung eines

*Ein M47 der Bundeswehr während eines Manövers im Jahre 1960.* (US Army)

214

eigenen Panzers. Weitere Hauptnutzer des Typs waren Italien (2480), Frankreich (856), Belgien (784), Spanien (389), Türkei (1374), Jugoslawien (319), Iran (ca. 400), Pakistan (ca. 230) und Südkorea (531).
Hauptschwäche des M47 war sein überaus »durstiger« Ottomotor. Die US-Firma BMY (Bowen-McLaughlin-York) entwickelte daher 1969 die Variante M47M, die den Dieselmotor (AVDS-1790-2A) und die FL-Anlage des M60A1 erhielt. Zudem wurde, wie bei den deutschen M47, das Bug-MG und der Platz des MG-Schützen entfernt und durch zusätzliche Munition ersetzt. BMY errichtete 1970-

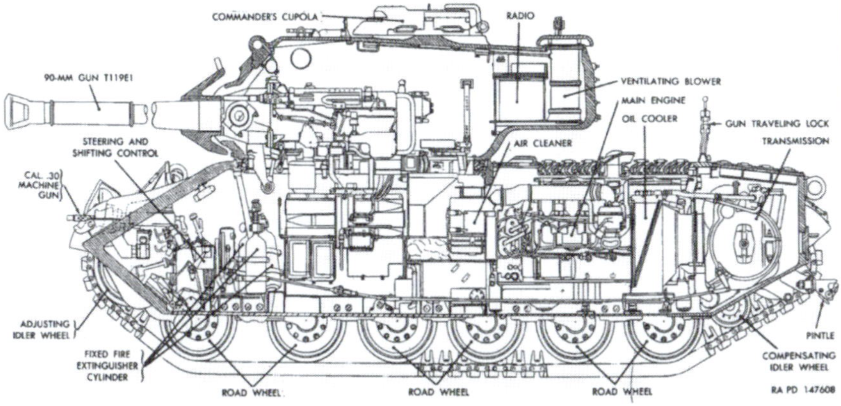


*Oben: Schnittzeichnung des M47 aus einem Handbuch der US Army.* (US Army)

*Linke Seite oben: Ein in Fort Hood, Texas, erhaltener M47. Das Bug-MG fehlt.* (US Army)

*Linke Seite unten: Die französische Panzertruppe nutzte 856 M47. Dieses Fahrzeug gehörte 1953 zum 503. Panzerregiment.* (503 RCC)

1972 im Iran ein Werk, das alle iranischen sowie 147 pakistanische M47 auf diese Art umrüstete. Auch Spanien modifizierte ab 1976 seine M47 mit Dieselmotoren (AVDS-1790-2A) und entfernte das Bug-MG, diese Panzer erhielten die Bezeichnung M47E. 330 M47E wurden später zu M47E1 umgerüstet, die sich aber nur in Details (wie z.B. neuen Heizungen für den Kampfraum) unterschieden. 45 E1 wurden schließlich mit 105-mm-BK von Rheinmetall (Rh-105) versehen (M47E2). Die letzten spanischen Kampfpanzer des Typs M47E2 wurden Mitte der 1990er Jahre ausgesondert. Im Betrieb sind jedoch noch 22 Bergepanzer (M47ER3) auf Basis des M47. Aufgrund seiner weiten Verbreitung nahm der M47 an zahlreichen Auseinandersetzungen teil. So z.B. an den indisch-pakistanischen Kriegen 1965 und 1971, auf jordanischer Seite am Nahostkrieg 1967, dem iranisch-irakischen Krieg 1980–1988, an der türkischen Invasion Zyperns 1974 sowie den Jugoslawienkriegen der frühen 1990er Jahre.
2012 nutzten nur noch Jordanien und Somaliland einige M47 als Kampfpanzer.

| | |
|---|---|
| **Typ:** | M47 |
| **Hersteller:** | Detroit Arsenal (Chrysler), American Locomotive (Alco) |
| **Gefechtsgew.:** | 46 170 kg |
| **Länge:** | 6358 mm (Wanne), 8508 mm (mit Rohr) |
| **Breite:** | 3510 mm |
| **Höhe:** | 2954 mm (Oberkante Turm), 3352 mm (mit Fla-MG) |
| **Motor:** | Continental AV-1790-5B 12-Zylinder-Ottomotor |
| **Leistung kW/PS:** | 596/810 |
| **Leistungsgew.:** | 17,54 PS/t |
| **Höchstgeschw.:** | 48 km/h (Straße), 25 km/h (Gelände) |
| **Kraftstoffvorrat:** | 878 l |
| **Fahrbereich:** | 120 –130 km (Straße), 50 – 60 km (Gelände) |
| **Besatzung:** | 5 |
| **Bewaffnung:** | 1 x 90-mm-BK M36 L/52,5, 1 x 7,62-mm-MG koaxial, 1 x 7,62-mm-MG im Bug, 1 x 12,7-mm-M2HB-Fla-MG |
| **Panzerung:** | Panzerstahl, 12,7 mm – 114 mm |
| **Furttiefe:** | 1,22 m |

# M48 Patton

Da der M47 nur als Interimsmodell gedacht war, begannen bereits im Oktober 1950 erste Arbeiten an einem völlig neuen Kampfpanzer. Das von Chrysler betriebene Detroit Tank Arsenal baute sechs Prototypen (T48), von denen der Erste im Dezember 1951 fertiggestellt wurde. Kurz nachdem die Serienproduktion begonnen hatte, wurde der Typ am 1. Juli 1952 der Öffentlichkeit vorgestellt. Die Fertigung dauerte bis 1959 an. Insgesamt entstanden 11 703 M48 aller Versionen.

*Prototyp des M48 mit dem ursprünglichen Fla-MG und der originalen 90-mm-BK.* (US Army)

Der M48 folgte in seiner Auslegung dem M47, besaß jedoch nur noch eine 4-Mann-Besatzung, da das Bug-MG entfiel. Die Wanne und der abgerundete, an eine umgedrehte Schüssel erinnernde Turm waren gegossen. Das Drehstabfahrwerk verfügte über sechs Lauf- und fünf Stützrollen, das Treibrad saß hinten. Vom M47 übernahm der M48 den 810-PS-Ottomotor des Typs AV-1790 und ein nur leicht verändertes Getriebe. Auch die BK war im Grunde jene des M47, hatte jedoch ein rascher auswechselbares Rohr und erhielt daher die Bezeichnung M41. Wie beim M47 sind daher Zylinder-, T- oder leicht Y-Förmige Mündungsbremsen anzutreffen. Die Sekundärbewaffnung bestand aus einem koaxialen 7,62-mm-MG sowie einem 12,7-mm-Fla-MG. Der M48 verfügte über einen optischen EM und einen ana-

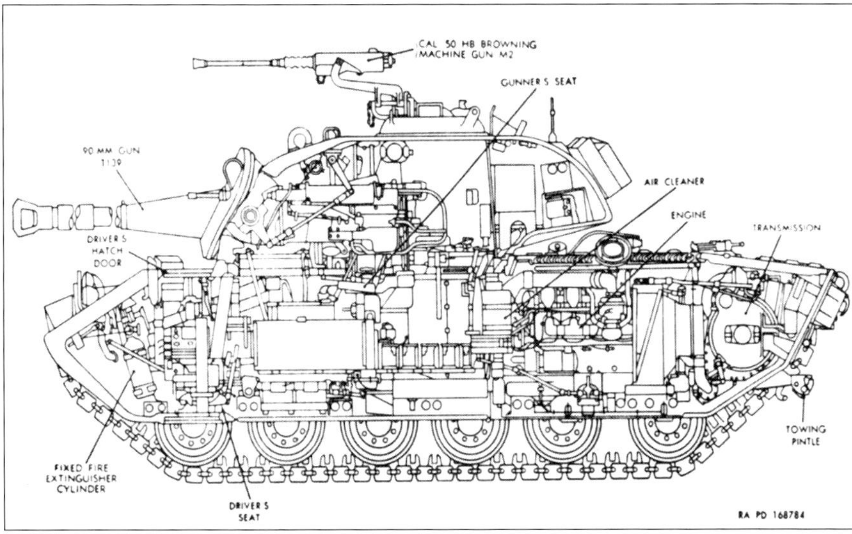


*Schnittzeichnung eines M48 aus einem Handbuch der US Army.* (US Army)

logen FL-Rechner, die sich im Einsatz beide als komplex und anfällig erwiesen. Im Gegensatz zum M47 war der M48 mit einer ABC-Schutzanlage ausgerüstet. Die ersten M48 liefen der Truppe 1953 zu, darunter 120 reine Ausbildungsfahrzeuge aus Weichstahl (M48 C). Der Koreakrieg hatte zu einer überhasteten Entwicklung und unzureichender Erprobung geführt, weshalb sich die ersten M48 bald als unzuverlässige, ja gefährliche Fahrzeuge erwiesen. Neben Problemen mit dem Motor und dem Getriebe (dieses neigte anfänglich dazu, während der Vorwärtsfahrt plötzlich von selbst in den Rückwärtsgang zu schalten!), machten auch das Fahrwerk und die Ketten Schwierigkeiten. Die Truppe bemängelte zudem den nach wie vor zu hohen Treibstoffverbrauch des AV-1790-Triebwerks, der zu einer Reichweite von nur 50 km im Gelände führte. Zwar konnte die 1954 eingeführte Version M48A1 einige der mechanischen Probleme abstellen, besaß aber immer noch einen unzureichenden Fahr-

*Bill Gilcrease auf einem M48A3 (B Troop, 3rd Squadron, 4th Cavalry). Cu Chi, Vietnam 1966.* (Bill Gilcrease)

bereich. Um diesen zu vergrößern, wurde daher am Wannenheck ein Gestell angebracht, auf dem vier 200-l-Benzinfässer mitgeführt werden konnten. Obwohl im Manöver und bei der Ausbildung zu jener Zeit nicht selten verwendet, lehnte die Truppe die Lösung für den Ernstfall ab. Das Modell A1 erhielt zudem eine neue MG-Kuppel für den Kommandanten (M1), die fast wie ein kleiner Drehturm aussah und es erlaubte, das 12,7-mm-Fla-MG unter Panzerschutz zu laden, zu richten und abzufeuern – zugleich aber auch innen sehr eng war und die Silhouette des Fahrzeugs beträchtlich erhöhte. Die Fahrerluke wurde vergrößert und konnte nun anstelle eines normalen Winkelspiegels mit einem IR-Sichtgerät bestückt werden, weshalb man zugleich IR-Fahrscheinwerfer installierte.
Die ab 1956 gebaute Variante M48A2 besaß einen vollständig umgestalteten Motorraum, der es erlaubte rund 50% mehr Treibstoff mitzuführen. Dank des größeren Tankinhalts und eines überarbeiteten Ottomotors mit neuer Einspritzanlage verdoppelte sich die Reichweite. Die Wannenrückwand zeigte nun zwei aufklappbare Auspuffgrätings, durch welche die Motorkühlluft und die Abgase ausströmten. Die zuvor erhebliche IR-Signatur des Panzers konnte so reduziert werden, da nun die Motorkühlluft mit dem Abgasstrahl verwirbelt wurde. Zudem besaß dieser Version nur noch drei Stützrollen. Ein kleiner Hilfsmotor diente zum Aufladen der Batterien oder dem Betrieb der Heizung. Nicht zuletzt wurden auch die FL- und die Turmsteuerungsanlage verbessert. Die letzte Version des M48 mit Ottomotor war die Variante A2C, die anstatt des Raumbild-EM einen Mischbild-EM erhielt und eine Reihe von Detailänderungen aufwies, u.a. entfiel das Kettenspannrad.
Die ersten M48A3 wurden im Februar 1963 an die Truppe ausgeliefert und besaßen endlich einen Dieselmotor. Da keine neuen A3 produziert, sondern nur Panzer der Versionen M48A1, A2 und A2C modifiziert wurden, kön-

nen einzelne Fahrzeuge der Variante A3 erhebliche Unterschiede aufweisen. Neben der Ausrüstung mit einem 750-PS-Diesel (AVDS-1790) und dem Getriebe des M60A1 war (fast) allen A3 ein zusätzlicher Ring aus Sichtblöcken zwischen Turmdach und MG-Kuppel gemein, der die Übersicht des Kommandanten verbessern sollte. Der Hilfsmotor entfiel, an seine Stelle trat zusätzlicher Treibstoff. Dadurch, und den Einbau des sparsameren Diesels, stieg die Straßenreichweite auf ca. 460 km an. Der Dieselmotor erhöhte jedoch nicht nur den Fahrbereich, sondern verbesserte auch die Sicherheit, da aufgrund der schweren Entflammbarkeit des Dieselkraftstoffs die Explosions- und Feuergefahr bei einem Treffer sank. Der M48A3 erhielt ein neues ABC-Schutzsystem, eine verbesserte FL-Anlage sowie einen Weißlicht-/IR-Zielscheinwerfer (über der BK) inklusive der entsprechenden Ziel-

*Oben und unten: Ein M48A2C Kampfpanzer des SichBtl 767 der Bundeswehr geht (wieder mit US-Markierungen versehen) in ein Museum (ca. 1993).* (powidl, PD)

*Zwei südkoreanische M48 während des Manövers Team Spirit '89. Südkorea, März 1989.* (US DoD)

geräte, ein Staukasten für den Zielscheinwerfer war jedoch nicht vorhanden.
Der M48 wurde nicht nur von den US-Streitkräften, sondern auch von zahlreichen weiteren Armeen und Milizen eingesetzt, teils bis heute. Einer der größten Nutzer war die Bundeswehr, die ab Ende 1957 zunächst 203 M48A1 erhielt, denen wenig später 1001 M48A2 und 462 A2C folgten. Der M48 avancierte damit in den 1960er Jahren zum Standardkampffahrzeug der westdeutschen Panzertruppe. Anfang der 1960er Jahre lieferte die Bundesregierung rund 150 M48 an Israel, zudem erhielt die IDF ab 1965 auch M48 aus den USA. Ehemalige M48 der Bundeswehr wurden als Waffenhilfe auch an die Türkei abgegeben. Insgesamt nutzten oder nutzen über 20 Staaten M48. Neben NATO-Staaten wie Spanien, Norwegen, Portugal oder Griechenland gehören dazu u.a. auch Taiwan, Südkorea, Jordanien, Pakistan, Libanon und Iran. Zahlreiche dieser Betreiber führten eigenständige Modifikationen ihrer M48 durch.
Aufgrund seiner weiten Verbreitung fand der Typ in zahlreichen Konflikten Verwendung. Während der M48 sich in den Händen der Israelis (1967, 1973 und 1982) und der USA (Vietnam) durchaus bewährte, erzielten die pakistanischen Pattons 1965 und 1971 im Krieg gegen Indien nur mäßige Ergebnisse. Neben der dürftigen Reichweite der Modelle M48 bis M48A2 standen vor allem der hohe Aufzug der Panzer sowie ihre im Vergleich zum T-54/55 schlechtere Bewaffnung und Turmpanzerung in der Kritik.

Auf dem M48 basieren zudem ein Brückenleger, der M67 Flammpanzer, der M88 Bergepanzer, die 203-mm-Panzerhaubitze M55 sowie das Flugabwehrsystem M247, von dem jedoch nur 50 Vorserienexemplare gebaut wurden.

| | |
|---|---|
| **Typ:** | M48/M48A1 |
| **Hersteller:** | Detroit Arsenal (Chrysler), American Locomotive (Alco), Fisher Body Division (GM), Ford Motor Company |
| **Gefechtsgew.:** | 44 900 kg/47 200 kg |
| **Länge:** | 6705 mm/6870 mm (Wanne), 8444 mm/8729 mm (mit Rohr) |
| **Breite:** | 3631 mm |
| **Höhe:** | 3241 mm/3130 mm (mit Fla-MG/ Oberkante Kommandantenkuppel) |
| **Motor:** | Continental AV-1790 12-Zylinder-Ottomotor |
| **Leistung kW/PS:** | 596/810 |
| **Leistungsgew.:** | 18,04 bzw. 17,16 PS/t |
| **Höchstgeschw.:** | 42 km/h (Straße) |
| **Kraftstoffvorrat:** | 757 l |
| **Fahrbereich:** | 110 km (Straße), 50 km (Gelände) |
| **Besatzung:** | 4 |
| **Bewaffnung:** | 1 x 90-mm-BK M41 L/52,5, 1 x 7,62-mm-MG koaxial, 1 x 12,7-mm-M2HB-Fla-MG |
| **Panzerung:** | Panzerstahl, 12,7 - 178 mm |
| **Furttiefe:** | 1,22 m ohne, 4,57 m mit Vorbereitung |

| | |
|---|---|
| **Typ:** | M48A2/M48A3 |
| **Hersteller:** | Detroit Arsenal (Chrysler), American Locomotive (Alco), Fisher Body Division (GM), Ford Motor Company |
| **Gefechtsgew.:** | 47 200 kg |
| **Länge:** | 6870 mm/6882 mm (Wanne), 8686 mm (mit Rohr) |
| **Breite:** | 3631 mm |
| **Höhe:** | 3089 mm/3124 (Oberkante Kommandantenkuppel) |
| **Motor:** | Continental AVI-1790-8 12-Zylinder-Ottomotor bzw. AVDS-1790-2A 12-Zylinder Dieselmotor |
| **Leistung kW/PS:** | 607/825 bzw. 552/750 |
| **Leistungsgew.:** | 17,48 bzw. 15,89 PS/t |
| **Höchstgeschw.:** | 48 km/h (Straße) |
| **Kraftstoffvorrat:** | 1268 l/1420 l |
| **Fahrbereich:** | 250 km/460 km (Straße) |
| **Besatzung:** | 4 |
| **Bewaffnung:** | 1 x 90-mm-BK M41 L/52,5, 1 x 7,62-mm-MG koaxial, 1 x 12,7-mm-M2HB-Fla-MG |
| **Panzerung:** | Panzerstahl, 12,7 – 178 mm |
| **Furttiefe:** | 1,22 m ohne, 4,57 m mit Vorbereitung |

*M48A3 des USMC, Operation Starlite, Vietnam, August 1965.*
(Vincent Bourguignon)

# M48A5 Patton

Um die Kampfkraft ihrer M48 zu erhöhen, begannen die Israelis bereits Mitte der 1960er Jahre damit, diese u.a. mit britischen 105-mm-Zugrohr-BK L7, amerikanischen Dieselmotoren der AVDS-1790-Reihe, neuen Getrieben und flacheren, im eigenen Lande entworfenen Kommandantenkuppeln auszurüsten. Während diese Version des M48 in Israel als Magach bezeichnet wurde (siehe Typenkompass Kampfpanzer seit 1970), taucht in Unterlagen der US-Armee mitunter der Name M48A4 auf. Ursprünglich war die Bezeichnung A4 jedoch bereits für eine geplante Variante mit dem Turm des M60 vergeben worden, die jedoch nie eingeführt wurde. Ab 1975 begannen die US-Streitkräfte schließlich ein Modifikationsprogramm, bei dem alte M48 den Dieselmotor, das Getriebe, die Ketten, die FL-Anlage, die 105-mm-Zugrohr-BK M68 und zahlreiche weitere Teile des M60A1 erhielten und so zu fast gleichwertigen Kampffahrzeugen wurden. Die ersten so umgerüsteten Panzer (M48A5) waren noch mit der alten MG-Kuppel ausgestattet, die man jedoch bald durch das flachere israelische Modell ersetzte. Auf der Kommandanten- und Ladeschützenkuppel wurden dann 7,62-mm-MG installiert, die später jedoch offenbar zum Teil wieder einer 12,7-mm-Waffe wichen. Insgesamt wurden bis Ende 1979 2064 M48 auf diesen Standard gebracht, die vor allem bei Reserveeinheiten wie der Nationalgarde zum Einsatz kamen. Nach Zulauf des M1 *Abrams* wurden zahlreiche M48A5 an verbündete Staaten abgegeben, bis Mitte der 1990er Jahre war der A5 aus dem US-Inventar verschwunden

Eine ganze Reihe von Streitkräften rüsteten ihre M48 jedoch auch in Eigenregie auf einem dem M48A5 gleichwertigen Standard um. Die 165 spanischen M48A5E (E für España) wurden Ende der 1970er Jahre modifiziert und blieben mit verbesserter FL-Anlage (u.a. Laser-EM, Restlichtverstärker) als M48A5E1 bzw. E2 bis 1997 in Dienst. Südkorea betrieb insgesamt rund 1100 M48, von denen über 700 zu M48A5K (K für Korea) modifiziert wurden. Dieses Variante ist neben der 105-mm-BK und dem AVDS-1790-Diesel mit einem heimischen FL-System, Nebelwurfbechern, einen verbesserten Laufwerk sowie Kettenblenden ausgestattet. Die MG-Kuppel behielten die Koreaner allerdings bei. Die türkische Armee beschaffte insgesamt rund 2800 M48 und war damit, bzw.

ist nach wie vor einer der größten Nutzer dieses Typs, da sie 2011 noch immer fast 1400 M48 im Bestand hatte – wenn auch oft eingelagert, bei Reserveverbänden oder zu Bergepanzern umgebaut. Ab 1982 wurden rund 1200 ältere türkische M48 auf den A5-Standard gebracht, erhielten aber statt des AVDS-Motors einen deutschen MTU-Diesel (M48 A5T1). Weitere 900 Panzer wurden zusätzlich mit einem Laser-EM, digitaler FL-Anlage und einem WBG ausgerüstet (M48A5T2). Griechenland versah 390 M48A5 MOLF mit der EMES-18 FL-Anlage des Leopard 1A5, während Taiwan einen völlig anderen Weg ging. Dort rüstete man die Türme alter M48A2 mit 105-mm-BK und einer modernen FL-Anlage

*Ein spanischer M48A5E während eines gemeinsamen Manövers mit US-Truppen (CRISEX 83). Matalascanas, Spanien, Oktober 1983.* (US DoD)

aus und setzte diese auf M60A3-Wannen, die man aus Überschussbeständen erworben hatte (Bezeichnung M48H oder CM-11 Brave Tiger). M48A3 mit der gleichen Waffe und FL-Anlage wie der CM-11 werden CM-12 genannt. In Deutschland rüstete Wegmann zwischen 1978 und 1980 650 M48A2 mit 105-mm-BK L7, Wärmeschutzhüllen, neuer Blende, einem Restlichtverstärker, einer neuen Kommandantenkuppel und MG3 zu M48A2GA2 um. Auf den Einbau eines Dieselmotors verzichtete die Bundeswehr jedoch aus Kostengründen. Zusammen mit einigen M48A2C blieben diese Panzer bis 1993 im Dienst.

*Oben: Ein M48A5 der US Army während des Manövers Team Spirit '84. Man beachte den Räumschild sowie die fehlende MG-Kuppel. Anstelle der ursprünglich beim A5 montierten 2 x 7,62-mm-Fla-MG ist hier jedoch wieder ein 12,7-mm-MG M2 auf der Kuppel des Kommandanten installiert. Südkorea, März 1984.* (US DoD)

*Unten: Türkische M48A5T2 während einer Übung Anfang 2012.* (Türkisches Verteidigungsministerium)

# M103

Der M103 war der Abschluss einer Reihe von Prototypen, die seit 1944 in den USA entwickelt worden waren und das letzte, offiziell als schwerer Kampfpanzer bezeichnete Fahrzeug der US-Streitkräfte. Waren die in den USA konzipierten schweren Panzer zunächst als Antwort auf die *Tiger* der Wehrmacht gedacht, so sollten sie nach 1945 vor allem als Gegengewicht zu den JS-Panzern der Roten Armee dienen. Unter der Bezeichnung T43E1 wurden 1953-54 insgesamt 300 Panzer gebaut, die sich während der Truppenerprobung jedoch als nicht tauglich erwiesen und daher ab Sommer 1955 eingelagert wurden. Insgesamt mussten 150 Veränderungen vorgenommen werden, eher der Typ von den Streitkräften akzeptiert und im April 1956 offiziell als M103 eingeführt wurde.

Die Wanne des M103 war eine vergrößerte Ausgabe jener des M48, ebenso das Drehstablaufwerk, das nun sieben statt sechs Laufrollen besaß. Auch Motor und Getriebe wurden vom rund 10 t leichteren M48 übernommen, was immer wieder zu Problemen führte. Der Vier-Mann-Turm des M103 war jedoch eine völlig Neuentwicklung und wesentlich größer als jener des M48, da er eine mächtige 120-mm-Zugrohr-BK aufnehmen musste, für die zwei Ladeschützen vorhanden waren. Der Typ war mit einem optischen-EM

*Der erste Prototyp des späteren M103 auf der Teststrecke des Chrysler-Panzerwerks in Detroit. Im Hintergrund ein M48. Detroit, 4. Juni 1954.*
(US DoD)

*Dieser M103A2 lief ehemals bei der US Marines, heute befindet er sich im Tank Museum Bovington, Großbritannien. Tankfest, Juni 2009.* (Paul Appleyard)

ausgestattet und besaß ungewöhnlicherweise zwei koaxiale 7,62-mm-MG. Von den 300 T43E1 wurden 80 an die US Armee ausgeliefert, die 74 davon zu M103 umrüsten ließ. 220 T43E1 bzw. M103 gingen an das USMC, 219 davon wurden 1959 durch den Einbau neuer optischer-EM, analoger FL-Rechner, eines Turmkorbs, der Entfernung eines koaxialen MG und weiterer Detailänderungen zur Variante M103A1. Da der M103 aufgrund seines »durstigen« Ottomotors nur eine mangelhafte Reichweite aufwies, wurde 1964 153 Panzer des USMC mit dem AVDS-1790-Diesel des M60 versehen. Der M103 wurde nie im Kampf eingesetzt. Die US Army stellte ihre letzten M103 im Jahre 1963 außer Dienst, während er bei den Marines noch bis 1974 verwendet wurde.

| | |
|---|---|
| **Typ:** | M103A1/A2 |
| **Hersteller:** | Detroit Tank Arsenal (Chrysler) |
| **Gefechtsgew.:** | 56 700 kg/58 100 kg |
| **Länge:** | 6992 mm (Wanne),<br>11394 mm (mit Rohr) |
| **Breite:** | 3631 mm |
| **Höhe:** | 3559 mm<br>(Oberkante Kommandantenkuppel) |
| **Motor:** | Continental AV-1790-5B,<br>7, 7B oder 7C<br>12-Zylinder-Ottomotor<br>bzw. AVDS-1790-2A<br>12-Zylinder-Dieselmotor |
| **Leistung kW/PS:** | 596/810 bzw. 552/750 |
| **Leistungsgew.:** | 14,29 PS/t bzw. 12,91 PS/t |
| **Höchstgeschw.:** | 34 km/h bzw. 37 km/h (Straße) |
| **Kraftstoffvorrat:** | 716 l/1670 l |
| **Fahrbereich:** | 130 km/480 km (Straße) |
| **Besatzung:** | 5 |
| **Bewaffnung:** | 1 x 120-mm-BK M58 L/,<br>1 x 7,62-mm-MG koaxial,<br>1 x 12,7-mm-M2HB-Fla-MG |
| **Panzerung:** | Panzerstahl, 25 - 250 mm |
| **Furttiefe:** | 1,22 m |

# M60, M60A1, M60A3

Bereits Anfang 1956 hatte die Führung der US-Streitkräfte entschieden, dass der M48 zukünftig mit einem sparsameren und weniger feuergefährlichen Triebwerk, besserem Schutz sowie einer stärkeren Bewaffnung ausgerüstet werden sollte. Erste Prototypen (XM60) wurden Mitte 1959 fertiggestellt, die Serienproduktion begann 1960. Der Gussturm der ersten Version des M60 war zwar mit einer in den USA in Lizenz gefertigten Version (M68) der britischen 105-mm-Zugrohr-BK L7 versehen, entsprach ansonsten jedoch beinahe jenem des M48A2. Die neue MG-Kommandantenkuppel (M19) bot nun mehr Platz und war mit einem modifizierten 12,7-mm-MG vom Typ M85 bestückt. Das Drehstablaufwerk mit sechs Lauf- und drei Stützrollen entsprach praktisch dem des M48. Das Treibrad saß hinten, das Leitrad vorn. Die aus Gussteilen verschweißte Wanne des M60 erlaubt jedoch eine eindeutige Unterscheidung zum M48, da die Front nun nicht mehr gerundet sondern gerade war. Zudem unterschieden sich beide Typen im Heckbereich, da der Dieselmotor dort erhebliche Veränderungen erfordert hatte. Der M60 besaß am Heck auffällige, aufklappbare Auslassgrätings (siehe M48A3), durch welche die Motorkühlluft und die Abgase ausgestoßen

*Der Turm der Basisversion des M60 wies eine starke Ähnlichkeit zum M48 auf. Man beachte die neue MG-Kuppel des Kommandanten, die hier noch ohne MG ist. Fort Benning, Georgia, 1960.* (US Army)

wurden. Zudem erhielt der M60 aufgrund des höheren Drehmoments des Dieselmotors ein neues Getriebe. Der M60 verfügte über ein ABC-Schutzsystem, einen optischen EM und einen analogen FL-Rechner, die BK war allerdings nicht stabilisiert. Weißlicht-/IR-Scheinwerfer ermöglichten eine beschränkte Nachtkampffähigkeit. Die Auslegung des M60 war wie beim M48 konventionell, das heißt, im

*Oben: Ein M60 des 64th Armor Regiment, 3rd Infantry Division der US Army in Grafenwöhr, Bayern (ca. 1969).* (US Army)

*Unten: Der M60A1 löste den M60 Oktober 1962 in der Fertigung ab. Auffälligstes Unterscheidungsmerkmal des M60A1 war sein neuer, stärker gepanzerter Turm mit schmalerer Front.* (US Army)

*Ein M60A1 der US Army während des Manövers Bright Star '82. Ägypten, 1982.* (US DoD)

mittig aufgesetzten 3-Mann-Turm befanden sich Kommandant und Richtschütze rechts, der Ladeschütze links. Der Fahrer war vorn mittig in der Wanne untergebracht und auf beiden Seiten von Munitionsbunkern umgeben. Im Oktober 1962 löste der M60A1 den M60 auf den Fertigungsbändern ab. Bis dahin waren 2205 M60 produziert worden. Auffälligstes Unterscheidungsmerkmal des M60A1 war sein neuer, stärker gepanzerter Turm mit schmalerer Front. Die BK war zunächst nur teilstabilisiert. Das überarbeitete Laufwerk verwendete zur Gewichtsersparnis nun statt Gussstahllaufrollen solche aus Aluminium. Der M60A1 wurde im Laufe seiner Produktionszeit einer Reihe von Verbesserungen unterzogen, die zum Teil auch bei älteren Fahrzeugen nachgerüstet wurden. So kam z.B. ab 1971 neue Luftfilter und ab 1972 eine neue Stabilisierungsanlage zum Einbau, welche die BK in zwei Achsen stabilisierte. 1974 folgten neue Ketten, und ab 1975 folgte das RISE-Programm (Reliablity Improved Selected Equipment), das u.a. einen verbesserten Motor und ein überarbeitetes elektrisches System beinhaltete. Ab 1977 wurden neue Panzer mit Restlichtverstärkern ausgestattet und schließlich wurden 170 M60A1 des USMC 1988 mit einer reaktiven Zusatzpanzerung (ERA) versehen. Insgesamt verließen zwischen 1962 und 1980 insgesamt 7849 M60A1 die Werkshallen. Hinzu kamen 300 in Italien von OTO Melara in Lizenz gebaute Panzer.

Im Februar 1978 wurde der erste M60A3 fertiggestellt, der sich vom Modell A1 vor allem in der FL-Anlage unterschied. So wurde der Schnittbild-EM durch einen Laser-EM sowie der analoge FL-Rechner durch einen digitalen ersetzt. Dieser Computer berücksichtigte u.a. auch Luftdruck, Luftfeuchtigkeit und Wind, was die Treffgenauigkeit erheblich erhöhte. Am Turm wurde eine Nebelwurfanlage installiert, zudem konnte sich der M60A3 (wie sowjetische Panzer) durch das Einspritzen von Dieselkraftstoff in die Abgasanlage einnebeln. Das koaxiale M60 MG wurde durch das Modell M240 ersetzt. Anstelle von IR-Sichtgeräten erhielt die Variante A3 zunächst Restlichtverstärker, die jedoch bereits ab 1979/80 zunehmend durch WBG ersetzt wurden. Derartig ausgerüstete

Marktheidenfeld
Frankfurt
Würzburg

*Links: Ein M60A3 der US Army während des Manövers Reforger 82.* (US DoD)

Panzer erhielten die Bezeichnung M60A3 (TTS); TTS steht dabei für Tank Thermal Sight – Panzer-Wärmebildgerät.
Die Produktion des M60A3 endete 1987. Bis zu diesem Zeitpunkt waren insgesamt über 15 000 Exemplare aller Varianten gefertigt worden waren. Die letzten Panzer des Typs M60A3 wurden im Mai 1997 aus dem aktiven Dienst der US Army genommen. Neue oder gebrauchte M60A1 und A3 wurden zudem in insgesamt 23 Staaten exportiert. Neben NATO-Partnern wie Griechenland, Spanien und Türkei zählten dazu auch Österreich (170 Panzer, bis 1997 im Einsatz) und vor allem Staaten der arabischen Welt (u.a. Ägypten, Jordanien, Saudi-Arabien, Libanon) aber auch der Iran, Israel oder asiatische Verbündete der USA (z.B. Thailand, Taiwan). 2012 wurde der M60

*Marines der Company D, 2nd Tank Battalion lassen ihren M60A1 während einer Übung im Rahmen der Operation Desert Shield über ein Sandhindernis rollen. Der Panzer ist mit einer Räumschaufel und reaktiver Zusatzpanzerung ausgerüstet (1988 waren 170 M60A1 des USMC mit ERA versehen worden). Saudi Arabien, Ende 1990/Anfang 1991.* (US DoD)

noch von insgesamt 17 Staaten genutzt, die größten M60-Flotten betrieben dabei Ägypten, die Türkei und Israel.
Israel entwickelte aus dem M60 die Magach-Serie, auf denen auch der heutige von der Türkei verwendete M60T basiert (zu diesen Panzern siehe »Typenkompass Kampfpanzer ab 1970«). Jordanien und der Iran haben ihre M60 ebenfalls mit Zusatzpanzerung, neuen FL-Anlagen und teils auch neuen BK modernisiert.
Von den US-Firmen Teledyne Continental bzw. General Dynamics Land Division entwickelte KWS-Pakete für den M60 (u.a. mit Zusatzpanzerung, neuem Antriebsstrang, neuer BK und FL-Anlage bzw. dem kompletten Turm des M1 *Abrams*) kamen über das Versuchsstadium nicht hinaus.
Seit den 1960er Jahren hat der M60 zahlreichen Konflikten teilgenommen, z.B. an den Nahostkriegen von 1973 und 1982 und dem Golfkrieg von 1990/91. Dabei bewährte sich der Panzer (trotz seiner hohen Silhouette und seines geringen Leistungsgewichts) gegen Gegner wie T-54/55, T-62 und sogar T-72. Dies ist aber nicht zuletzt auch auf den unterschiedlichen Ausbildungsstand der Besatzungen zurückzuführen.
Auf Basis des M60 entstanden zudem ein Brückenleger (M60AVLB), zwei Minenräumfahrzeuge (M60 AVLM, M60 Panther) sowie ein Pionierpanzer (M728).

*Rechte Seite: Der »High Perfomance M60« der Firma Teledyne Continental (u.a. mit Zusatzpanzerung, neuem Antriebsstrang, neuer BK und FL-Anlage) kam Mitte der 1980er Jahre über das Versuchsstadium nicht hinaus.* (US DoD)

*Unten: Ein M60A3 des 1st Platoon, 48th Brigade, 108th Armored Division, Georgia National Guard, während der Übung Company Team Defense. Georgia, USA, 1985.* (US DoD)

| | |
|---|---|
| **Typ:** | M60 |
| **Hersteller:** | Detroit Tank Arsenal (Chrysler) |
| **Gefechtsgew.:** | 49 700 kg |
| **Länge:** | 6494 mm (Wanne), 9309 mm (mit Rohr) |
| **Breite:** | 3631 mm |
| **Höhe:** | 3213 mm (Oberkante Kommandantenkuppel) |
| **Motor:** | Continental AVDS-1790-2A 12-Zylinder-Dieselmotor |
| **Leistung kW/PS:** | 552/750 |
| **Leistungsgew.:** | 15,08 PS/t |
| **Höchstgeschw.:** | 48 km/h (Straße) |
| **Kraftstoffvorrat:** | 1447 l |
| **Fahrbereich:** | 500 km(Straße) |
| **Besatzung:** | 4 |
| **Bewaffnung:** | 1 x 105-mm-BK M68 L/51, 1 x 7,62-mm-MG koaxial, 1 x 12,7-mm-M2HB-Fla-MG |
| **Panzerung:** | Panzerstahl, 12,7 – 178 mm |
| **Furttiefe:** | 1,22 m ohne, 4,1 m mit Vorbereitung |

| | |
|---|---|
| **Typ:** | M60A1/M60A3 |
| **Hersteller:** | Detroit Tank Arsenal (Chrysler) |
| **Gefechtsgew.:** | 52 600 kg |
| **Länge:** | 6494 mm (Wanne), 9436 mm (mit Rohr) |
| **Breite:** | 3631 mm |
| **Höhe:** | 3270 mm (Oberkante Kommandantenkuppel) |
| **Motor:** | Continental AVDS-1790-2A/ bzw -2D 12-Zylinder-Dieselmotor |
| **Leistung kW/PS:** | 552/750 |
| **Leistungsgew.:** | 14,26 PS/t |
| **Höchstgeschw.:** | 48 km/h (Straße) |
| **Kraftstoffvorrat:** | 1420 l |
| **Fahrbereich:** | 480 km(Straße) |
| **Besatzung:** | 4 |
| **Bewaffnung:** | 1 x 105-mm-BK M68 L/51, 1 x 7,62-mm-MG koaxial, 1 x 12,7-mm-M2HB-Fla-MG |
| **Panzerung:** | Panzerstahl, 12,7 – 254 mm |
| **Furttiefe:** | 1,22 m ohne, 4,1 m mit Vorbereitung |

# M60A2

Der M60A2 verwendete die Wanne des M60A1, war jedoch mit einem völlig neuen Turm ausgerüstet, der eine kurzläufige 152-mm-BK trug. Diese Waffe konnte sowohl konventionelle Munition (gegen Panzer HL-Geschosse) aber auch IR-gelenkte PzAbwFK des Typs MGM-51 Shillelagh verschießen. Erste, noch als M60A1E1 und E2 bezeichnete Prototypen wurden bereits 1964/65 fertiggestellt, die Serienfertigung lief im kleinen Maßstab ab 1966 an. Aufgrund mannigfaltiger Probleme konnten die ersten M60A2 jedoch nicht vor 1974 an die Truppe ausgeliefert werden. Vor allem die zahlreichen neuen und unerprobten System der Stabilisierungs- und FL-Anlage (u.a Laser-EM, digitaler Rechner) erfüllten die Erwartungen zunächst nicht und waren komplex sowie störanfällig. Der Typ erhielt daher den Spitznamen »starship« (Raumschiff). Die Hülsen der konventionellen 152-mm-Munition war komplett verbrennbar, erwiesen sich jedoch zunächst als empfindlich gegenüber Beschädigungen und Feuchtigkeit. Zudem verblieben nach einem Schuss oft glühende Reste im Ladungsraum, welche die nächste Granate vorzeitig zünden konnten. Dieses Problem löste man durch den Einbau einer Druckluftanlage, die das Rohr frei blies, um glühende Rückstände zu entfernen. Zugleich wurde so ein Rauchabsauger überflüssig.
Der Turm des M60A2 hatte ein ungewöhnliches Design, während er in der Mitte hoch und schmal war, zeigte er sich an den Seiten sehr flach. Der Kommandant saß weit hinten im Turm, ein aufgesetzter weiterer kleiner Turm (mit einem vollstabilisierten 12,7-mm-MG) verschaffter ihm einen guten Rundumblick, sorgte jedoch auch für eine sehr hohe Silhouette.

Die US Army hatte ursprünglich geplant, sämtliche M60 und M60A1 durch das Modell A2 zu ersetzen, aufgrund der mannigfaltigen Probleme gab die Army dieses Vorhaben jedoch auf. Insgesamt entstanden bis 1975 nur 526 Exemplare, von denen man die letzten bereits 1981 wieder ausgesondert hatte. Die Türme wurden verschrottet, während die Wannen mit neuen Türmen der Version A1 ausgestattet oder zu Brückenlegern sowie Pionierpanzern umgebaut wurden.

| | |
|---|---|
| **Typ:** | M60A2 |
| **Hersteller:** | Detroit Tank Arsenal (Chrysler) |
| **Gefechtsgew.:** | 52 000 kg |
| **Länge:** | 6494 mm (Wanne), 7280 mm (mit Rohr) |
| **Breite:** | 3631 mm |
| **Höhe:** | 3110 mm (Oberkante Kommandantenkuppel) |
| **Motor:** | Continental AVDS-1790-2A 12-Zylinder-Dieselmotor |
| **Leistung kW/PS:** | 552/750 |
| **Leistungsgew.:** | 14,42 PS/t |
| **Höchstgeschw.:** | 48 km/h (Straße) |
| **Kraftstoffvorrat:** | 1420 l |
| **Fahrbereich:** | 480 km(Straße) |
| **Besatzung:** | 4 |
| **Bewaffnung:** | 1 x 152-mm-BK M162, 1 x 7,62-mm-MG koaxial, 1 x 12,7-mm-M2HB-Fla-MG |
| **Panzerung:** | Panzerstahl, 12,7 – 292 mm |
| **Furttiefe:** | 1,22 m ohne, 4,1 m mit Vorbereitung |

*Linke Seite: M60A1E1 Prototyp des M60A2.* (US Army)

*Unten: M60A2 des American Armored Foundation Museum in Danville, Virginia, USA, Juli 2006.* (PD)

# Zum Weiterlesen aus dem Motorbuch Verlag

**Kampfpanzer Entwicklungen ab 1970**
Kampfhubschrauber, Lenkwaffen und neue Munition minderten den Wert eines Kampfpanzers konventioneller Prägung. Daher sind komplette Neuentwicklungen selten. Der Autor porträtiert die wichtigsten Maßnahmen seit 1970.

128 Seiten
Format 140 x 205 mm

**ISBN 978-3-613-03566-9**
**€ 9,95 / sFr 14,– / € (A) 10,30**

**Italienische KFZ und Panzer**
Mit dem Aufstieg des »Duce« wuchs das Selbstbewusstsein Italiens: Das Land baute eine leistungsfähige Rüstungsindustrie auf und entwickelte eine Vielzahl an Fahrzeugen, die vor allem in den Kolonien zum Einsatz kamen.

112 Seiten
Format 140 x 205 mm

**ISBN 978-3-613-03482-2**
**€ 9,95 / sFr 14,– / € (A) 10,30**

**KPz Leopard 1**
Als erster deutscher Nachkriegs-Kampfpanzer kam der Leopard 1965 zur Truppe. Sein Konzept erwies sich als erfolgreich und wurde von vielen Armeen übernommen. Rolf Hilmes beschreibt Geschichte, Technik, Typen und Details des »Leo«.

128 Seiten
Format 140 x 205 mm

**ISBN 978-3-613-03360-3**
**€ 9,95 / sFr 14,– / € (A) 10,30**

**Panzer der Alliierten 1939–1945**
Kampf-, Jagd-, Sturmpanzer, Schützen-, Späh- und Flakpanzer der Alliierten im Zweiten Weltkrieg. Hier die wichtigsten Entwicklungen auf amerikanischer, britischer, französischer und russischer Seite sowie die Panzer kleinerer Nationen.

128 Seiten
Format 140 x 205 mm

**ISBN 978-3-613-03108-1**
**€ 9,95 / sFr 14,– / € (A) 10,30**

www.motorbuch-verlag.de
Service-Hotline: 01805/00 41 55*
*0,14 €/Min. aus dem deutschen Festnetz, max. 0,42 €/Min. aus Mobilfunknetzen

Motor buch Verlag

Stand März 2013
Änderungen in Preis und Lieferfähigkeit vorbehalten